Aus der Physiologisch-Chemischen Versuchsstation der Kgl. Tierärztlichen Hochschule zu Dresden. (Geh. Rat Prof. Dr. Ellenberger, Abteilungsvorsteher Prof. Dr. Scheunert.)

Beiträge zur Kenntnis der Fermente der Milchdrüse und der Milch.

Abhandlung
zur Erlangung der Lehrberechtigung

für

Physiologische Chemie und Milchwirtschaft an der Kgl. Sächs. Tierärztlichen Hochschule zu Dresden

vorgelegt von

W. Grimmer
aus Dresden.

Springer-Verlag Berlin Heidelberg GmbH 1913

ISBN 978-3-662-24473-9   ISBN 978-3-662-26617-5 (eBook)
DOI 10.1007/978-3-662-26617-5

Unsere Kenntnisse über das Vorkommen von Fermenten in der Milch sind erst neueren Datums.

Wir finden zwar auch in der älteren Literatur einige wenige Arbeiten über Fermentwirkungen in der Milch. So fand z. B. Béchamp[1]) im Jahre 1883 das stärkespaltende Vermögen der Frauenmilch, das Bouchut[2]) im Jahre 1885 bestätigte, und schon 1881 beschreibt Arnold[3]) die Eigenschaft der rohen Kuhmilch, Guajactinktur bei Anwesenheit von Wasserstoffsuperoxyd zu bläuen. Eine intensive Bearbeitung dieses Themas beginnt aber erst um die Jahrhundertwende. In sehr kurzer Zeit ist seitdem eine Fülle von Arbeiten veröffentlicht worden, die ein reiches Tatsachenmaterial zutage gefördert haben. Mit diesen zugleich aber ist auch eine Fülle der widerstreitendsten Ansichten entstanden, die in der Natur der Sache begründet sind. In erster Linie erhoben sich Meinungsverschiedenheiten über den originären Ursprung dieser Stoffe, die, auf Grund ihrer Eigenschaft, nach dem Erhitzen der Milch keine Reaktion mehr auszulösen, meist ohne weiteres als Fermente angesprochen wurden. Diese Differenzen sind verständlich, wenn man bedenkt, daß wohl kaum ein anderes Sekret des tierischen Körpers einer Infektionsgefahr in dem Maße ausgesetzt ist wie die Milch, so daß es nur äußerst selten gelingt, der Milchdrüse eine vollkommen sterile Milch zu entnehmen. In der Zitze befindet sich bekanntlich stets ein Bakterienpfropfen, der von von außen eingedrungenen Mikroorganismen herrührt. Diese Schwierigkeit hat vielfach dazu geführt, indirekte Methoden der Herkunftsbestimmung der Milchenzyme anzuwenden, deren gebräuchlichste lange Zeit die war, daß man sterilisierte Milch mit den verschiedenen normaliter in der Milch vorkommenden Bakterienarten impfte und die hierbei entstehenden Enzyme beobachtete. Diese Methode liefert nur bedingt richtige Werte, nämlich dann, wenn die Bakterien irgendein Enzym, das in der Milch vorkommt, nicht produzieren. Im anderen Falle ist eine Entscheidung

---

[1]) Béchamp, Compt. rend. 96, 1508, 1883.

[2]) Bouchut, Hygiène de la première enfance. Paris 1885; zitiert nach Raudnitz in Asher-Spiro, Ergebn. d. Physiol. 2, 1903.

[3]) Arnold, Arch. d. Pharm. 219, 41, 1881.

nicht möglich gewesen. Infolge dieser Schwierigkeiten hat es großer Arbeit bedurft, um unsere jetzigen Anschauungen über den Ursprung der Fermente zu fundieren.

Dafür wurden nun in neuerer Zeit vielfach Zweifel an der Fermentnatur dieses oder jenes Enzyms, z. B. der Salolase, der Aldehydkatalase (Perhydridase) usw. laut, die sich darauf gründen, daß es möglich ist, die Reaktionen, die man bisher einem Fermente zuschrieb, auch durch chemische Agenzien herbeizuführen, und durch Stoffe und unter Verhältnissen auszulösen, die sich vielfach auch in der Milch wiederfinden, z. B. die Verseifung des Salols durch schwache Alkalien.

Unter diesen Umständen erschien es mir nicht unzweckmäßig, bei meinen Versuchen über die Natur der Milchfermente nicht die Milch in den Vordergrund zu stellen, sondern in erster Linie in dem Organ selbst, das die Milch produziert, nach diesen Fermenten zu fahnden.

Derartige Untersuchungen sind bisher nur in ganz geringer Zahl ausgeführt worden und verfolgen zum Teil auch einen ganz anderen Zweck, indem sie in erster Linie die Entstehung der typischen Milchbestandteile, Casein und Milchzucker, die sich ja im ganzen tierischen Organismus nicht wiederfinden, zu erklären bezwecken. Es sei an die älteren Untersuchungen von Dähnhardt[1]) und Thierfelder[2]) erinnert, die in den Milchdrüsen ein Ferment vermuteten, das imstande sei, Albumin in Casein umzuwandeln. Thierfelder sucht auch den Milchzucker als das Produkt eines Fermentes hinzustellen. Aus neuerer Zeit datieren die Arbeiten von Basch[3]), Hildebrandt[4]) und Borrino[5]). Der erstere versuchte ohne Erfolg, die Komponenten des Milchzuckers, Dextrose und Galaktose, mit Hilfe eines möglicherweise in den Milchdrüsen enthaltenen Fermentes zu kuppeln. Hildebrand fand, daß bei der Autodigestion von Milchdrüsenbrei eine weitgehende Proteolyse vor sich geht, die bei lactierenden Drüsen weitaus intensiver ist als in nichtmilchenden Drüsen. Borrino endlich konnte in den milchenden Drüsen des Rindes eine Nuclease nachweisen, die in den nichtmilchenden Drüsen fehlte. Die Arbeiten von Rosell[6]) und Slowzoff[7]) berühren das Vorkommen von Fermenten in der Milchdrüse nur ganz kurz.

---

[1]) Dähnhardt, Arch. f. d. ges. Physiol. 3, 587, 1870.
[2]) Thierfelder, Arch. f. d. ges. Physiol. 32, 619, 1884.
[3]) Basch, Ergebn. d. Physiol. 2, 1903.
[4]) Hildebrandt, Beiträge z. chem. Physiol. u. Pathol. 5, 463, 1904.
[5]) Borrino, Revista di clin. ped. 1911.
[6]) Rosell, Nachweis und Verbreitung intracellulärer Fermente. Diss. Straßburg. 1901.
[7]) Slowzoff, Über die Oxydasen des Tierkörpers. Diss. St. Petersburg (russisch). 1899.

Die vorliegende Arbeit bezweckt in erster Linie, festzustellen, ob die Enzyme, soweit sie in der Milch gefunden wurden, auch in der lactierenden Milchdrüse enthalten sind, andererseits suchte ich die Unterschiede kennen zu lernen, die zwischen der tätigen und der ruhenden Drüse hinsichtlich ihres Fermentgehaltes bestehen, da die eventuell vorhandenen Differenzen Schlüsse gestatten könnten auf die Funktion der lactierenden Drüsen und die Entstehung der verschiedenen Milcharten. Zur Untersuchung gelangten die Drüsen von Rind, Schaf, Schwein und Pferd, die nach Entfernung von Fett und Bindegewebe sowie aller sichtbaren Blutgefäße mittels des Hackmessers in einen Brei verwandelt wurden. Anfangs stellte ich aus diesen durch Extraktion mit der doppelten Gewichtsmenge Glycerin Glycerinextrakte her, hielt es aber später für zweckmäßiger, Preßsäfte und Kochsalzextrakte herzustellen, die gegenüber den Glycerinextrakten zwar den Nachteil hatten, sehr viel eiweißreicher zu sein als diese, dafür andererseits den Vorteil boten, daß sie leichter dialysiert werden konnten und besser aussalzbar waren. Ein Teil des Drüsenbreies wurde in vielen Fällen zur Bereitung von Autodigestionsextrakten verwendet, indem der in der doppelten Gewichtsmenge physiologischer Kochsalzlösung verteilte Drüsenbrei mit Toluol geschüttelt und unter häufigem Ersatz desselben 3 Monate bei Bruttemperatur aufbewahrt wurde. Die Extrakte wurden auf das Vorkommen folgender Fermente geprüft: **Protease, Ereptase, Monobutyrase, Amylase, Salolase, Peroxydase**. In den obenerwähnten Glycerinextrakten erfolgte weiterhin eine Prüfung auf **Aldehydkatalase, Reduktase und Hydrogenase**. Ein kleiner Teil der von mir erhaltenen Resultate ist bereits früher an wenig zugänglicher Stelle publiziert worden[1]), aus diesem Grunde habe ich einige der damals erhaltenen Untersuchungsergebnisse auch an dieser Stelle eingehender besprochen.

Der Nachweis der Fermente erfolgte in folgender Weise: Das **proteolytische Ferment** konnte lediglich an den Veränderungen erkannt werden, die durch die Autodigestion bedingt wurden, da keiner der von mir geprüften Extrakte im-

---

[1]) Grimmer, Festschr. f. Otto Wallach, Göttingen 1909, S. 452. Milchwirtschaftl. Centralbl. **1909**, 243; **1911**, 395; 1909, 165.

stande war, innerhalb kurzer Zeit Eiweiß anderer Art (Fibrin, Hühnereiweiß, Gelatine) deutlich wahrnehmbar anzugreifen. Zur Prüfung auf peptolytisches Ferment (Ereptase) wurden die Extrakte und Preßsäfte mit dem gleichen Volumen einer 50%igen Lösung von Seidenpepton versetzt, von dem Abderhalden gezeigt hatte, daß es sich infolge seines hohen Gehaltes an Tyrosin vorzüglich zum Nachweise peptolytischer Fermente eignet, da das bei der Spaltung auftretende Tyrosin wegen seiner Schwerlöslichkeit sofort ausfällt. Monobutyrase erkannte ich dadurch, daß je 2 ccm der Extrakte mit 5 ccm einer gesättigten Monobutyrinlösung unter Toluol 15 Stunden lang in den Brutschrank gestellt wurden, nachdem ich bei einer anderen Probe die Anfangsacidität festgestellt hatte. Durch Verwendung erhitzter Extrakte wurde mehrfach eine Kontrolle ausgeübt. Auf Amylase prüfte ich mit Stärkekleister, indem ich je 2 ccm der Extrakte mit 10 ccm eines 1%igen Stärkekleisters und Toluol versetzte und die Gemische ebenfalls 15 Stunden lang bei Bruttemperatur beließ. Da viele Extrakte gegenüber Fehlingscher Lösung Reduktionserscheinungen zeigten, so konnte bei diesen diese Reaktion natürlich nicht als Kriterium für eine stattgehabte Verzuckerung gelten, ich benutzte daher das Verhalten des Digestionsgemisches gegen Jod, um einen Stärkeabbau zu erkennen. Bei der Verwendung von dialysierten Extrakten und von Eiweißfällungsfraktionen derselben (mit Magnesium- und Ammoniumsulfat) wurde stets darauf geachtet, daß diese Fehlingsche Lösung nicht reduzierten, also keine irgendwie nachweisbaren Zuckermengen enthielten. Der Nachweis einer Salol spaltenden Wirkung erfolgte durch Zusatz von Eisenchlorid zu dem 15 Stunden bei 37° gehaltenem Gemisch von Extrakt und Salol. Violettfärbung zeigt die Spaltung des Salols in seine Komponenten, Phenol und Salicylsäure, an. Bezüglich des Peroxydasenachweises sei auf das dieses Ferment behandelnde Kapitel verwiesen.

I. Proteasen.

Der erste, der auf ein Casein bildendes Ferment in der Milchdrüse fahndete, war Dähnhardt[1]), der indessen nicht nach Abbauprodukten der autodigerierten Milchdrüse suchte, sondern mit Hilfe von Milch-

---

[1]) Dähnhardt, l. c.

drüsenextrakten des Meerschweinchens Eieralbumin in Casein umwandeln wollte. Ähnliche Untersuchungen mit Kaninchenmilchdrüsen und Kaninchenblutserum stellte Thierfelder[1]) an. Beide glaubten auf Grund ihrer Resultate nachgewiesen zu haben, daß das von ihnen zu den Drüsenextrakten zugesetzte Albumin in Casein umgewandelt worden sei. Dähnhardt vermutete dies auf Grund der Erscheinung, daß er eine mit Essigsäure fällbare Substanz erhielt, die sich in Alkalien wieder löste. Thierfelder machte die Beobachtung, daß bei der gemeinsamen Autodigestion von Milchdrüsenbrei und Blutserum eine größere Menge Stickstoff in den Extrakten enthalten war, als wenn beide Substanzen getrennt voneinander digeriert wurden. Die Frage, ob in der Milchdrüse proteolytische Fermente enthalten sind, die Eiweiß zu niedermolekularen Substanzen abzubauen vermögen, beantworten diese Autoren ebensowenig wie Basch[2]), der glaubte, durch Kuppelung der Milchdrüsennucleinsäure mit Rinderblutserum Casein zu erhalten. Der erste, der nach solchen spaltenden Fermenten suchte, war Hildebrandt[3]), der milchende und nichtmilchende Drüsen vom Rind und der Frau der Autodigestion unterwarf und in allen einen deutlichen Abbau von Eiweiß feststellen konnte, der in den lactierenden Drüsen ungleich umfangreicher war als in den nichtmilchenden. Aus den Extrakten der letzteren konnte mit Essigsäure ein Niederschlag gefällt werden, der in Alkalien wieder löslich war, der jedoch bei der gleichen Behandlung eines von einer lactierenden Drüse stammenden Autodigestionsextraktes nicht mehr erhalten werden konnte. Während in den Extrakten der nichtmilchenden Drüsen hitzekoagulable und durch Ammoniumsulfat fällbare Substanzen in reichlicher Menge nachweisbar waren, war dies in den Extrakten der milchenden Drüsen nicht mehr der Fall. Diese zeigten auch eine viel schwächere Biuretreaktion als der der nichtmilchenden Drüsen. Des weiteren fand Hildebrandt bei den milchenden Drüsen eine größere Menge gelösten Stickstoffs als bei den nichtmilchenden Drüsen. Dieser Unterschied konnte dadurch, daß die letzteren bei schwach saurer Reaktion zur Autodigestion angesetzt wurden, ausgeglichen werden. Pferde- und Rinderblutserum wurden von dem Fermente nicht angegriffen.

Die hier zitierten Arbeiten können die Frage nach dem Vorkommen proteolytischer Fermente in der Milch nicht beantworten, immerhin sind sie deshalb von großem Werte, weil die eventuelle Anwesenheit einer Protease, die nichtbakteriellen Ursprungs ist, in der Milch das Vorhandensein einer solchen in der lactierenden Drüse zur Voraussetzung hat.

In der Milch selbst glaubten Babcock und Russel[4]) ein proteolytisches Ferment nachgewiesen zu haben. Sie fanden, daß angeblich steril aufgefangene und sofort mit Antisepticis versetzte Kuhmilch im

---

[1]) Thierfelder, l. c.
[2]) Basch, l. c.
[3]) Hildebrandt, l. c.
[4]) Babcock und Russel, Centralbl. f. Bakteriol. u. Parasitenk. 6, 17, 1900.

Verlaufe von 8 Monaten eine Zunahme des gelösten, durch Essigsäure nicht fällbaren Stickstoffs von 25% bis auf 73% des Gesamtstickstoffs erfuhr. Ein solches Ferment fanden sie weiterhin auch in Büffel-, Schaf-, Ziegen-, Pferde-, Esel- und Frauenmilch. v. Freudenreich[1]), Jensen[2]), Spolverini[3]), Vandevelde[4]) und Hippius[5]) bestätigten diese Befunde, konnten sich aber, mit Ausnahme von Vandevelde und Spolverini, nicht dazu entschließen, diese Erscheinung auf die Wirkung einer originären, nicht bakteriellen Protease zurückzuführen. Die Untersuchungen anderer Autoren wie Friedjung und Hecht[6]), Moro[7]) und Zaitscheck[8]) lassen das Vorkommen eines proteolytischen Fermentes in der Milch zum mindesten zweifelhaft erscheinen.

Die negativen Befunde der letztgenannten Autoren sprechen mit größerer Wahrscheinlichkeit für das Fehlen proteolytischer Enzyme als die positiven Befunde der anderen für das Vorhandensein solcher Fermente. Es muß stets berücksichtigt werden, daß selbst unter aseptischen Kautelen die Gewinnung einer vollständig keimfreien Milch fast immer Glückssache ist, und daß durch die Antiseptica, die Babcock und Russel verwendeten, Benzol und Äther, keine sichere Sterilisierung erreicht werden kann. Bei der Verwendung des als Antisepticum ungleich wirksameren Formalins fanden v. Freudenreich und Jensen ja auch nur eine sehr geringe Zunahme des durch Essigsäure nicht fällbaren Stickstoffs in der Milch.

Meine Untersuchungen in dieser Richtung konnten nur den Zweck haben, etwas Näheres über die Funktion der Milchdrüse in lactierendem Zustande zu erfahren. Dazu war es aber auch nötig, nichtmilchende Drüsen zum Vergleiche heranzuziehen. Der Umstand, daß wir im Casein einen von der Milchdrüse gebildeten Eiweißkörper haben, der sich sonst in keinem anderen tierischen Sekrete vorfindet, fordert geradezu zu der Annahme heraus, daß die lactierende Drüse ein proteolytisches Ferment enthält, das eine sehr mächtige Wirksamkeit besitzen muß, da es den Zellen der Milchdrüse aus den Eiweißkörpern die Bausteine liefern muß, die zum Aufbau des Caseins nötig sind.

---

[1]) v. Freudenreich, Centralbl. f. Bakteriol. u. Parasitenk. 6, 332, 1900.
[2]) Jensen, Centralbl. f. Bakteriol. u. Parasitenk. 6, 734, 1900.
[3]) Spolverini, Revue d'Hygiène et de med. infantile 1, 3, 1902.
[4]) Vandevelde, de Waele und Sugg, Beiträge z. chem. Physiol. u. Pathol. 5, 571, 1904.
[5]) Hippius, Jahrb. f. Kinderheilk. 61, 365, 1905.
[6]) Friedjung und Hecht, Arch. f. Kinderheilk. 37, 177, 346, 1903.
[7]) Moro, Jahrb. f. Kinderheilk. 56, 392, 1902.
[8]) Zaitscheck, Arch. f. d. ges. Physiol. 104, 539, 1904.

Bei der Prüfung der mir zur Verfügung stehenden Glycerinextrakte auf das Vorkommen eines proteolytischen Fermentes fand ich in Übereinstimmung mit Hildebrandt, daß zu denselben hinzugefügtes Eiweiß — koaguliertes Hühnereiweiß, Fibrin und Gelatine in Form Mettscher Röhrchen — weder bei der normalen schwach-sauren Reaktion der Glycerinextrakte, noch bei alkalischer Reaktion (0,1 $^0/_0$ ige Na$_2$CO$_3$), noch bei salzsaurer Reaktion (0,2 $^0/_0$ ige Salzsäure) angegriffen wird. Auch die Kochsalzextrakte und Preßsäfte der Milchdrüsen von Rind, Schaf, Schwein und Pferd vermochten weder Fibrin noch Hühnereiweiß zu verdauen. Ich war also ebenfalls, wenn ich eine proteolytische Wirksamkeit feststellen wollte, auf die Autodigestion der Milchdrüsen angewiesen, bei denen nach Abbauprodukten des Eiweißes gesucht werden mußte.

In den Preßsäften und Kochsalzextrakten der nicht autodigierierten Drüsen aller Tiere waren sehr reichliche Mengen durch Essigsäure fällbarer Substanzen vorhanden, in vielen derselben war die Ausscheidung eine so starke, daß die Masse breiartig erstarrte. Die Biuretprobe fiel in ihnen allen sehr stark positiv aus; wurden die Extrakte schwach angesäuert und erhitzt, so fielen sämtliche Eiweißsubstanzen aus. Die Filtrate hiervon gaben keine Biuretreaktion mehr, durch Gerbsäure konnte ich in diesen keine Fällung mehr hervorrufen, Albumosen und Peptone waren in den frischen Extrakten und Preßsäften der Drüsen somit nicht vorhanden. Die Autodigestionsextrakte waren in der Weise hergestellt worden, daß der Milchdrüsenbrei mit der doppelten Gewichtsmenge physiologischer Kochsalzlösung unter Toluol 3 Monate im Brutschranke gehalten und nach dieser Zeit filtriert wurde. Das Verhalten der Filtrate ist aus Tabelle I ersichtlich. Wir sehen, daß die Autodigestionsextrakte der nichtmilchenden Drüsen eine sehr starke Biuretreaktion geben, die auch nach dem Erhitzen derselben unter Zusatz von Essigsäure noch vorhanden ist und weiterhin im Filtrat der mit Ammoniumsulfat gesättigten Extrakte auftritt. Nach der Dialyse der Autodigestionsextrakte trat die Biuretreaktion nur noch sehr schwach auf, entsprechend dem geringen Gehalte der beim Erhitzen mit Essigsäure fällbaren, nicht dialysablen Eiweißkörper. Im Dialysat hingegen waren die herausdiffundierten Biuretkörper nachweisbar. Bei

Tabelle I.

Autodigestionsextrakte von	Verhalten gegen Essigsäure	Verhalten des Essigsäureniederschlags geg. NaOH	Verhalten gegen Erhitzen mit Essigsäure	Verhalten gegen MgSO$_4$	Verhalten gegen Halbsättigung mit (NH$_4$)$_2$SO$_4$	Verhalten gegen Sättigung mit (NH$_4$)$_2$SO$_4$	Biuretreaktion im Extrakt	Biuretreaktion im Filtrat der NH$_4$-Fällung	Tryptophanreaktion
1. Nichtmilchenden Tieren:									
Kuh 2	starke Fällung	löslich	sehr schwache Fällung	sehr schwache Fällung	sehr schwache Fällung	sehr schwache Fällung	+++	++	−
„ 8	do.	do.	Trübung	do.	do.	do.	+++	++	±
„ 9	do.	do.	do.	do.	Trübung	do.	+++	+	−
„ 10	do.	do.	sehr schwache Fällung	do.	do.	do.	+++	++	−
Schaf 3	starke Fällung	löslich	sehr schwache Fällung	sehr schwache Fällung	schwache Fällung	schwache Fällung	+++	++	−
„ 4	do.	do.	do.	do.	do.	do.	+++	++	−
Schwein 1	starke Fällung	löslich	Trübung	sehr schwache Fällung	sehr schwache Fällung	sehr schwache Fällung	+++	+	−
Pferd 1	starke Fällung	do.	Trübung	sehr schwache Fällung	sehr schwache Fällung	sehr schwache Fällung	+++	+	−
2. Milchenden Tieren:									
Kuh 3	Trübung	löslich	Trübung	Trübung	sehr schwache Fällung	sehr schwache Fällung	−	−	+
„ 5	do.	do.	do.	sehr schwache Fällung	do.	do.	+	±	+
Schaf 8	sehr schwache Fällung	löslich	Trübung	sehr schwache Fällung	sehr schwache Fällung	sehr schwache Fällung	±	−	+
Schwein 2	Trübung	löslich	bleibt klar	Trübung	sehr schwache Fällung	schwache Fällung	−	−	+
Pferd 2	Trübung	löslich	Trübung	Trübung	sehr schwache Fällung	sehr schwache Fällung	+	−	+

den milchenden Drüsen hingegen war die Biuretreaktion der Extrakte entweder vollständig verschwunden oder trat nur noch in ganz geringem Maße ein; die Menge der hitzekoagulablen und durch Ammoniumsulfat fällbaren Substanzen war eine außerordentlich geringe geworden, es trat zunächst stets nur eine Trübung auf, die erst nach mehrtägigem Stehen in eine sehr geringe Flockenbildung sich verdichtete. In den milchenden Drüsen war also offenbar, ebenso wie Hildebrandt das gefunden hatte, der Eiweißabbau ein viel energischerer gewesen als in den nichtmilchenden Drüsen. In dieser Annahme werden wir durch das Verhalten der Autodigestionsextrakte gegenüber Essigsäure bestärkt. Die Extrakte der nichtmilchenden Drüsen gaben eine noch immer sehr starke Fällung, während in den Autodigestionsextrakten der milchenden Drüsen nur noch eine ganz schwache Trübung erzielt werden konnte. Die Natur der mit Essigsäure ausfallenden Substanz wurde nicht näher untersucht, festgestellt wurde lediglich, daß sie durch verdünnte Natronlauge wieder in Lösung geht. Hildebrandt gibt an, daß diese Substanz phosphorfrei ist, also nicht Nuclein oder Nucleinsäure vorstellt.

Der prägnanteste Unterschied gibt sich aber in der Tryptophanreaktion zu erkennen. Sämtliche einwandfrei nichtmilchenden Drüsen spalten bei der Autodigestion kein Tryptophan ab, nur bei einer Drüse (Kuh 8) war dies in sehr geringem Maße der Fall. Bei dieser Drüse läßt sich aber nicht mit Bestimmtheit sagen, ob sie als nichtmilchende Drüse gelten kann, da sowohl der Preßsaft als auch der Kochsalzextrakt der Drüse dieses Tieres eine, wenn auch nur schwache, Peroxydasereaktion (s. dort) gab, welche die übrigen nichtmilchenden Drüsen nicht geben. Es läßt sich vermuten, daß diese Drüse entweder in einem Vorbereitungsstadium der Lactation stand oder daß das Tier seine Lactation nahezu beendet hatte. Makroskopisch konnte eine Milchbildung jedenfalls aber nicht mehr wahrgenommen werden. In den autolysierten Extrakten der milchenden Drüsen hingegen war stets eine deutliche Tryptophanreaktion erkennbar. Hildebrandt gibt an, daß er in den Autodigestionsextrakten der nichtmilchenden Drüsen auch Leucin und Tyrosin gefunden habe, daß also auch hier ein Abbau bis zu einfachen Aminosäuren stattgefunden habe. Aus diesem Verhalten ließ sich vielleicht vermuten, daß in den Eiweißkörpern der nichtmilchenden Drüsen kein Tryptophan enthalten ist, eine Vermutung, die sich allerdings zu keiner bestimmten Behauptung verdichten kann, da nach Mandel[1]) das Milchdrüsennucleoproteid tryptophanhaltig ist und auch Serumeiweiß, dessen Vorhandensein in den Drüsenextrakten wir wohl kaum bezweifeln können, Tryptophan als Baustein besitzt. Andererseits ließ sich vermuten, daß das proteolytische Ferment der nichtmilchenden Drüse nicht imstande ist, Tryptophan aus den Eiweißkörpern abzuspalten. Ich versetzte daher die fein zerhackte Milchdrüse einer nichtmilchenden Kuh zu einem Teile mit Kochsalzlösung allein, zu einem anderen mit Kochsalzlösung und Pankreatin, und unterwarf beide Portionen einer 3 monatigen Digestionsdauer. Nach dieser Zeit wurde in beiden Proben die Tryptophanreaktion mit Bromwasser ausgeführt. Der nur mit Kochsalzlösung digerierte Anteil der Drüse gab, wie nach den bisherigen Resultaten nicht anders zu erwarten war, keine Tryptophanreaktion, diese trat aber äußerst intensiv in dem mit Pankreatin digerierten Anteile der Drüse auf. Das Fehlen des Tryptophans in den Extrakten der nichtmilchenden Drüsen ist somit nicht auf die Abwesenheit eines tryptophanhaltigen Eiweißkörpers in der nichtmilchenden Drüse, sondern darauf zurückzuführen, daß das proteolytische Ferment der nichtmilchenden Drüse nicht imstande ist, aus den Eiweißkörpern Tryptophan abzuspalten. Aus der Arbeit von Hildebrandt geht nicht mit Sicherheit hervor, ob die von ihm verwendeten Milchdrüsen vollkommen ruhten oder sich vielleicht in einem derartigen Stadium befanden wie die von mir beobachtete Drüse von Kuh 8, die ja ebenfalls eine, wenn auch nur schwache, so doch deutliche Tryptophanreaktion gab. Andererseits ist daran zu denken, daß das in den nichtmilchenden Drüsen enthaltene proteolytische Ferment zur Gruppe der auch in anderen Organen, z. B. in der Leber, gefundenen autolytischen Fermente gerechnet werden könnte, die nach zahlreichen Beobachtungen wohl Tyrosin und Leucin, nicht aber Tryptophan aus den von ihnen angreifbaren Eiweißkörpern

---

[1]) Mandel, Biochem. Zeitschr. 23, 245, 1909.

abspalten. Aus diesem Grunde erschien es mir notwendig, den Hildebrandtschen Befund zu kontrollieren und nachzuprüfen, ob in den tryptophanfreien Autolysaten der nichtmilchenden Drüsen andere Aminosäuren vorhanden seien. In dem Umfange, wie dies wünschenswert wäre, habe ich leider wegen der allzu geringen Menge des mir zur Verfügung stehenden Materials die Untersuchung nicht durchführen können, doch sind neue Versuche in dieser Richtung mit entsprechend großen Mengen Drüsensubstanz bereits im Gange.

Zur Verfügung standen mir ca. 50 bis 100 ccm autolytische Extrakte von zwei nichtmilchenden Kühen und einer milchenden Kuh. In keinem derselben konnte ich mit Sicherheit Tyrosin nachweisen, nur in einem Falle war es mir möglich, eine sehr geringe Substanzmenge zu erhalten, die sich in Wasser sehr schwer, leichter nach Zusatz von etwas Ammoniak löste und nach dem Verjagen desselben durch die Siedehitze und beim Erkalten der Lösung wieder abschied, ein Verhalten, das für das Vorhandensein von Tyrosin zu sprechen scheint. Hingegen konnte ich in allen drei Fällen Glykokoll und Leucin erhalten, die durch ihre Löslichkeit, ihre Krystallform und durch die Analyse des Kupfersalzes identifiziert wurden. Außerdem erhielt ich sehr geringe Mengen durch Phosphorwolframsäure fällbarer, sehr stark alkalisch reagierender Substanzen, deren Reindarstellung infolge der sehr geringen Mengen mir nicht möglich war. Immerhin erscheint dieser Befund hinreichend, um auf das Auftreten auch von Diaminosäuren bei der Autolyse sowohl milchender wie nichtmilchender Drüsen schließen zu dürfen.

Ob in der nichtmilchenden Drüse ein anderes Ferment enthalten ist als in der milchenden, oder ob etwa die herrschenden Reaktionsverhältnisse diese Differenzen verursachten, läßt sich nicht ohne weiteres sagen. Nach Hildebrandt beschleunigt eine schwach saure Reaktion die Autodigestion der nichtmilchenden Drüsen ganz bedeutend, sie kann dann, gemessen an der Menge des löslichen Stickstoffs, die Digestion der lactierenden Drüsen ganz erheblich überschreiten. Bei der Autodigestion der milchenden Drüsen ist es sehr leicht denkbar, daß hier eine saure Reaktion eintritt, die der Wirksamkeit des Fermentes förderlich wäre. Zur Klärung dieser

Verhältnisse setzte ich von der nichtmilchenden Drüse einer Kuh 3 Portionen mit physiologischer Kochsalzlösung an, derart, daß die eine neutral reagierte, die zweite $0,1\%$ Salzsäure, die dritte $0,1\%$ Natriumbicarbonat enthielt. Die Dauer der Digestion betrug wieder 3 Monate. Das Salzsäure-Autodigestionsprodukt gab keine Fällung mit Essigsäure und beim Erhitzen, einen nur geringen Niederschlag bei der Sättigung mit Ammoniumsulfat und eine sehr schwache Biuretreaktion, die im Filtrate des erhitzten Extraktes ausblieb, und keine Tryptophanreaktion. Der neutrale Extrakt verhielt sich ganz so wie bereits geschildert wurde, der Bicarbonatextrakt enthielt sehr reichliche Mengen durch Essigsäure und beim Erhitzen fällbarer Substanzen, er gab weiterhin die Biuretreaktion; das Filtrat vom hitzekoagulierten Eiweiß hingegen gab diese Reaktion nicht mehr. Durch Sättigung des Extraktes mit Ammoniumsulfat fielen reichliche Mengen Eiweiß, das Filtrat hiervon zeigte die Biuretreaktion ebenfalls nicht mehr, Tryptophan war nicht nachweisbar. Das völlige Fehlen von Digestionsprodukten sowohl im salzsauren wie im alkalischen Extrakte läßt nur die Deutung zu, daß das proteolytische Ferment durch $0,1\%$ige Salzsäure wie durch $0,1\%$ige Bicarbonatlösung an seiner Wirkung verhindert wird. Es ist, nach den Beobachtungen von Hildebrandt zu urteilen, nicht ausgeschlossen, daß andere Säuren, z. B. Essigsäure oder Milchsäure, eine günstigere Wirkung auf das Ferment ausüben, wenngleich berücksichtigt werden muß, daß die Nucleoproteide, Nucleine und Nucleinsäuren, die ja wesentlichen Anteil an der Entstehung der Abbauprodukte zu haben scheinen, durch Säuren gefällt und dadurch für das Ferment möglicherweise schwerer angreifbar werden. Lediglich auf Grund der hier geschilderten Versuche liegt jedenfalls noch kein Anlaß vor, anzunehmen, daß das proteolytische Ferment der ruhenden und das der tätigen Milchdrüse miteinander identisch sind; das der letzteren ist dadurch charakterisiert, daß es imstande ist, aus den Eiweißkörpern der Milchdrüse Tryptophan abzuspalten, während das Ferment der nichtmilchenden Drüsen einen Abbau dieser Eiweißkörper hauptsächlich bis zu Albumosen und Peptonen bewirkt, in geringerem Maße auch zu Aminosäuren, wie Glykokoll, Leucin und vielleicht auch Tyrosin, keinesfalls aber Tryptophan abzuspalten vermag. Auf andere Eiweißkörper — Hühnereiweiß, Fibrin, Gelatine — erstrecken die Fermente ihre Tätigkeit nicht.

II. Ereptasen.

Die Spaltung von Polypeptiden durch Milch wird bisher nur in zwei Arbeiten erwähnt, in der von Wohlgemuth und Strich[1]) und von Warfield[2]). Die genannten Autoren benutzten zu ihren Versuchen Glycyltryptophan, das durch die bekannte Tryptophanreaktion einen einwandfreien und sehr leicht ausführbaren Nachweis einer Spaltung in seine Komponenten gestattet. Warfield beschränkte sich in seinen Untersuchungen auf Frauenmilch, während Wohlgemuth und Strich außerdem Kuh-, Ziegen-, Hunde-, Kaninchen- und Meerschweinchenmilch in den Kreis ihrer Untersuchungen zogen. In allen der genannten Milcharten wurde das Glycyltryptophan spaltende Ferment gefunden, am stärksten in Frauen- und Kaninchenmilch. Gegen höhere Temperaturen ist das Ferment außerordentlich empfindlich, beim Erhitzen der Milch auf 75 bis 80° wird es nach Warfield vernichtet, während es durch 14stündiges Erwärmen der Milch auf 74,5° nicht abgetötet wird.

Nach den im vorausgehenden Abschnitte geschilderten Untersuchungen konnte es nicht unwahrscheinlich sein, daß auch in der Milchdrüse eine Spaltung von höhermolekularen Abbauprodukten der Eiweißkörper, z. B. von Polypeptiden und Peptonen, erfolgt, das Auftreten von Aminosäuren in den Autodigestionsextrakten spricht sogar sehr dafür. Als zu spaltendes Mittel wählte ich das von Abderhalden empfohlene Seidenpepton, das infolge seines hohen Gehaltes an Tyrosin als Baustein zum Nachweise peptolytischer Fermente sehr geeignet erscheint. Ein Blick auf Tabelle II lehrt uns, daß in der Tat die Extrakte und Preßsäfte aller von mir untersuchten Drüsen befähigt sind, aus Seidenpepton Tyrosin abzuspalten. Dieses Vermögen erstreckt sich auch auf die autolytischen Kochsalzextrakte, die mit einer einzigen Ausnahme (Pferd 1), wenn auch nur in sehr geringem Maße, aus dem Seidenpepton Tyrosin abspalteten. Das Ferment ist weder durch Magnesiumsulfat noch durch Halbsättigung mit Ammoniumsulfat fällbar, erst durch vollständige Sättigung mit Ammoniumsulfat wird es aus seinen Lösungen ausgeschieden.

---

[1]) Wohlgemuth und Strich, Sitzungsber. d. Kgl. Preuß. Akad. d. Wissensch. 1910, S. 56.
[2]) Warfield, Journ. of med. research. 25, 235, 1911.

Tabelle II.

	Preßsaft		Kochsalzextrakt					Autolytisches Kochsalzextrakt				
	dialysiert	dialysiert	Mg-Fällung	1/2(NH$_4$)$_2$SO$_4$-Fällung	(NH$_4$)$_2$SO$_4$-Fällung	Rest NH$_4$	dialysiert	Mg-Fällung	1/2-NH$_4$-Fällung	NH$_4$-Fällung	Rest NH$_4$	
1. Nichtmilchende Tiere.												
Kuh 1	+ +	+	+			+	+	+	±	−	−	±	±
„ 2	+ +	+ +	+	−	−	+	+						
„ 6			+ +	+	−	−	+	+					
„ 7	+												
„ 8	++	+						±	++	−	−	±	±
„ 9	+												
„ 10	+		+			±	±						
„ 11	++		++										
Schaf 1			++	+									
„ 2	+++	+						±	−				
„ 3								±					
„ 4													
„ 5			++	±									
„ 6			++	+	−	−	±	±					
Schwein 1			+	+	−	−	±	±	+	±			
Pferd 1	+	+	+	+					−	−			
2. Milchende Tiere.												
Kuh 3	+	±	+	±					±	−	−	−	−
„ 4	+++	+	+++	+	−	−	+	+					
„ 5	+++	+						+	±				
Schaf 7			++	+	−	−	±	±					
„ 8			++	+	−	−	±	±	+	±	−	−	±	±
Schwein 2	+	±							+	±	−	−	−	±
„ 3			+	+	−	−	±	±					
Pferd 2	+++	+	+++						+	±	−	−	±	±

Zeichenerklärung: +++ nach 15 Stunden reichliche Tyrosinabscheidung; ++ nach 15 Stunden geringe Tyrosinabscheidung, die später stärker wird; + nach 24 Stunden geringe Tyrosinabscheidung; ± nach 48 Stunden geringe Abscheidung von Tyrosin; − nach 48 Stunden keine Tyrosinabscheidung.

Auffällig ist, daß die dialysierten Preßsäfte und Kochsalzextrakte ein sehr viel schwächeres Spaltungsvermögen besitzen als die nicht dialysierten. Es scheint, als ob der durch die

Dialyse bis auf ein Minimum reduzierte Salzgehalt und die dadurch veränderte Reaktion auf die Stärke der Fermentwirkung von Einfluß seien. Nicht anders läßt sich auch die geringe Wirksamkeit der durch Ammoniumsulfat erhaltenen Fällung nach dem Wiederlösen und Dialysieren erklären. Es ist auffällig, daß die Wirksamkeit der letzteren fast stets in der gleichen Intensität verläuft wie die der dialysierten Extrakte.

Ob wir es hier mit einem besonderen Fermente zu tun haben, das von dem proteolytischen Ferment, das eingangs erwähnt wurde, verschieden ist, oder ob die Spaltung des Seidenpeptons durch das proteolytische Ferment der Drüsen bewirkt wurde, ist schwer zu entscheiden. Der Umstand, daß das Vorhandensein proteolytischer Fermente in der Milch zum mindesten zweifelhaft ist, während peptolytische Fermente nach den Befunden von Wohlgemuth und Strich und von Warfield sicher vorzukommen scheinen, läßt die erstgenannte Auffassung nicht ungerechtfertigt erscheinen, andererseits muß berücksichtigt werden, daß nach den bisherigen Untersuchungen anderer Autoren die autolytischen Fermente der verschiedenen Organe eine rein spezifische Tätigkeit auszuüben scheinen; so fand z. B. Jacoby[1]), daß das proteolytische Ferment der Leber nicht imstande ist, die Eiweißkörper der Lunge zu spalten, während die aus diesen entstandenen Albumosen weiter gespalten wurden. Wir könnten uns also denken, daß in der Milch ein proteolytisches Ferment enthalten ist, das zwar imstande ist, die nativen Eiweißkörper der Milchdrüse zu spalten, nicht aber die aus den Abbauprodukten wiederentstandenen Eiweißkörper der Milch oder sonstige fremde Eiweißkörper, wie Fibrin, Gelatine usw., das aber imstande ist, einmal entstandene Albumosen und Peptone weiter abzubauen. Dieses Ferment würde also in seiner Wirkung etwa dem Erepsin des Darmsaftes vergleichbar sein, das an nativen Eiweißkörpern nur Protame und das Casein, im übrigen aber die Albumosen und Peptone einer großen Anzahl anderer Eiweißkörper, die in nativem Zustande durch das Erepsin nicht spaltbar sind, zu spalten vermag.

---

[1]) Jacoby, Beiträge z. chem. Physiol. u. Pathol. 3, 446, 1903.

Andererseits muß aber berücksichtigt werden, daß das durch die Milch spaltbare Polypeptid — Glycyltryptophan — eine ganz andere Substanz ist als das Seidenpepton, das durch die Extrakte sowohl der milchenden wie auch der nichtmilchenden Drüsen aller untersuchten Tierarten gespalten wird, und daß die Abspaltung von Tryptophan gerade das Charakteristikum eines Fermentes der lactierenden Drüsen ist. Wir müssen also auch die Möglichkeit, die vielleicht die größere Wahrscheinlichkeit für sich hat, in Betracht ziehen, daß die von mir beobachtete Abspaltung von Tyrosin aus Seidenpepton gar nicht der Wirksamkeit eines besonderen peptolytischen Fermentes zuzuschreiben ist, sondern der des proteolytischen Fermentes. Wenn es mir auch nicht gelang, unter den Abbauprodukten der Eiweißkörper der autolysierten Milchdrüsen Tyrosin nachzuweisen, so ist es doch im Hinblick auf die Befunde von Hildebrandt immerhin sehr wahrscheinlich, daß dieses gebildet wurde. Der Umstand, daß gerade in den Autolysaten der lactierenden Drüsen, in denen Tryptophan nachweisbar war, nur noch ganz geringe Mengen von Albumosen und Peptonen enthalten waren, scheint mit großer Wahrscheinlichkeit dafür zu sprechen, daß nicht das Tyrosin abspaltende, sondern das Tryptophan abspaltende Ferment das peptolytische ist. Wir würden dann zu dem Schlusse kommen, daß die proteolytischen Fermente in den tätigen und ruhenden Drüsen vielleicht die gleichen sind, während die lactierenden Drüsen noch ein spezifisches peptolytisches Ferment enthalten, das befähigt ist, aus den höheren Abbauprodukten der Eiweißkörper, den Albumosen und Peptonen, Tryptophan abzuspalten. Die endgültige Entscheidung dieser Frage muß weiteren Forschungen vorbehalten bleiben.

III. Monobutyrinase.

Ein Monobutyrin spaltendes Ferment wurde von Marfan[1]) in Kuh- und Frauenmilch, von Luzzatti und Biolchini[2]) in der Milch von Frau, Kuh, Ziege, Esel und Hund nachgewiesen. Gillet[3]), der

---

[1]) Marfan und Gillet, Monatsschr. f. Kinderheilk. 1, 57, 1902.

[2]) Luzzattti und Biolchini, zit. n. Raudnitz in Asher-Spiro, Ergebn. d. Physiol. 2, 1903.

[3]) Gillet, Journ. de Physiol. et Pathol. gén. 4, 439, 1902; 5, 503, 1903.

sich des näheren mit dieser Eigenschaft der Milch beschäftigte, gibt an, daß das Ferment bei 65° abgetötet wird und nicht dialysabel ist. Durch Alkalien wird seine Wirksamkeit erhöht, durch Säuren sowie Salzlösungen geschwächt.

Bei der allgemeinen Verbreitung, die die Monobutyrinase im tierischen Organismus besitzt, war es nicht anders zu erwarten, als daß sie sich auch in der Milchdrüse vorfinden würde. Leider muß auf die ganz einwandfreie Beantwortung der Frage, ob die von mir in den Milchdrüsenextrakten gefundene Monobutyrinase ein der Milch originäres Enzym ist oder nicht, verzichtet werden, da auch Blut Monobutyrin zu spalten imstande ist und es so gut wie unmöglich ist, ein so stark durchblutetes Organ, wie die Milchdrüse vorstellt, vollkommen blutfrei zu erhalten. Immerhin darf bei der sehr geringen Wirksamkeit des Blutes, und in Anbetracht des Umstandes, daß der Blutgehalt der untersuchten Extrakte nur ein außerordentlich geringer war, geschlossen werden, daß im vorliegenden Falle ein großer Teil der Spaltung des Buttersäureglycerinesters auf Rechnung eines von der Milchdrüse gebildeten Fermentes zu setzen ist.

Besondere Gesetzmäßigkeiten in dem Gehalte der verschiedenen Milchdrüsen an Ferment existieren nicht. Wir finden beispielsweise in den Preßsäften der nicht milchenden Drüsen vom Rinde sehr hohe Säurewerte, z. B. 3,9 ccm $n/_{10}$-Buttersäure bei Kuh 2 neben sehr niedrigen, wie 0,3 ccm $n/_{10}$-Buttersäure bei Kuh 11. In den Kochsalzextrakten sind die erhaltenen Werte fast ausnahmslos sehr viel niedriger als in den Preßsäften, eine Erscheinung, die wohl auf Kosten des Kochsalzgehaltes der Extrakte zu setzen ist, da nach Gillet Salze auch in geringen Konzentrationen die Wirksamkeit des Fermentes herabsetzen.

Diese hemmende Wirkung hätte sich durch die Entfernung der Salze mittels Dialyse beseitigen lassen, es muß indessen berücksichtigt werden, daß hierbei auch die die Spaltung fördernde alkalische Reaktion verschwindet, so daß eine sehr wesentliche Erhöhung der Spaltung in den dialysierten Säften und Extrakten kaum zu erwarten war. Bei der Prüfung ergab sich nun, daß die Dialyse in den meisten Fällen einen ganz enormen Abfall der Wirksamkeit des Fermentes

Tabelle III.

Milchdrüse von	Preßsaft		Kochsalzextrakt						Autolytischer Kochsalzextrakt					
	dialy-siert		dialy-siert	Mg-Fällung	½-NH₄-Fällung	NH₄-Fällung	Rest NH₄-fällung		dialy-siert	Mg-Fällung	½-NH₄-Fällung	NH₄-Fällung	Rest NH₄-fällung	
1. Nichtmilchenden Tieren.														
Kuh 1	1,80	0,60	0,40											
" 2	3,90	0,30	0,90	0,40	0,00	0,05	0,20	0,20	0,65	0,10	0,00	0,00	0,15	0,20
" 6			0,70	0,15	0,05	0,00	0,15	0,15						
" 7	0,80													
" 8	0,90	0,40	0,20						0,45	0,10	0,00	0,00	0,10	0,10
" 9	0,50								0,30	0,20				
" 10	0,40		0,40		0,00	0,00	0,20	0,15						
" 11	0,30		0,75											
Schaf 1			0,20	0,25										
" 2	1,00	0,60												
" 3									0,90	0,20				
" 4									0,70	0,20				
" 5			0,65	0,30										
" 6			0,90	0,55	0,10	0,05	0,30	0,30						
Schwein 1			0,55	0,80	0,15	0,20	0,50	0,40	0,70	0,30				
Pferd 1	1,60	0,70	1,20						1,20	0,20				
2. Milchenden Tieren.														
Kuh 3	3,90		0,40	0,15					0,30	0,10	0,00	0,05	0,10	0,10
" 4	0,45	0,35	0,40	0,25	0,00	0,00	0,20	0,15						
" 5	0,55	0,35							0,50	0,20				
Schaf 7			0,75	0,60	0,10	0,10	0,40	0,35						
" 8			0,80	0,50	0,05	0,10	0,35	0,30	0,70	0,20	0,00	0,00	0,15	0,20
Schwein 2	4,95	0,80							0,90	0,60	0,05	0,10	0,40	0,40
" 3			0,50	0,40	0,00	0,15	0,45	0,30						
Pferd 2	0,45	0,20	0,40						0,80	0,15	0,00	0,10	0,20	0,15

Die Zahlen bedeuten die Zunahme der Acidität, ausgedrückt in ccm $n/_{10}$-NaOH während der 15stündigen Digestionsdauer in 5 ccm des Extraktes.

zur Folge hatte, so daß es in einzelnen Fällen gewagt erscheint, überhaupt von einer Fermentwirkung zu sprechen. Nur in einigen Fällen hat keine wesentliche Abnahme der Fermentwirkung der dialysierten Substrate gegenüber den nicht dialysierten stattgefunden, in einem Falle (Kochsalzextrakt von Schwein 1) machte sich sogar eine Erhöhung der

Wirksamkeit bemerkbar. Es sei hierbei darauf hingewiesen, daß in den dialysierten Extrakten der Einwand hinfällig wird, der für die nichtdialysierten ev. erhoben werden könnte, daß, besonders bei den zuckerhaltigen Extrakten und Preßsäften der milchenden Drüsen eine Zunahme in der Acidität auch auf Rechnung einer Milchsäurebildung gesetzt werden könne, denn die dialysierten Säfte uud Extrakte zeigten keine Zuckerreaktion mehr.

Die Fällungsgrenzen des Fermentes sind nicht sehr scharf ausgeprägt. In einigen Extrakten finden wir bereits bei der Magnesiumsulfatsättigung und bei der Halbsättigung mit Ammoniumsulfat eine geringe Fällung des Fermentes, in der Hauptsache aber geht es erst bei vollständiger Fällung mit Ammoniumsulfat in den Niederschlag über, wie auch aus den Zahlenwerten derjenigen Fraktionen ersichtlich ist, die durch Sättigung der halbgesättigten Filtrate mit Ammoniumsulfat erhalten wurden.

Bei der Autodigestion der Extrakte wird das Ferment nicht zerstört, wenngleich die für die dialysierten Autolysate erhaltenen Werte mit einer Ausnahme sehr niedrige sind, so daß sie nahe an die Fehlergrenze heranrücken. Die Fällungsverhältnisse sind hier die gleichen wie bei den nicht digerierten Kochsalzextrakten.

IV. Amylase.

Über das Vorkommen amylolytischer Fermente liegen nur relativ spärliche Angaben vor. Béchamp[1]) fand ein solches im Jahre 1883 in Frauenmilch, ein Befund, der von Moro[2]), Spolverini[3]), Zaitscheck[4]), Hippius[5]) und anderen später bestätigt wurde. Nach Béchamp sollte das Ferment in Kuhmilch fehlen, nach Spolverini auch in Ziegenmilch, während es in Hunde- und Schweinemilch, allerdings in erheblich geringerer Menge als in der Frauenmilch, ebenfalls enthalten ist. Zaitscheck hingegen fand in allen von ihm untersuchten Milcharten — Frauen-, Esel-, Stuten-, Kuh-, Ziegen- und Büffelmilch — eine Amylase, keine der genannten Milcharten zeichnete sich

---

[1]) Béchamp, Compt. rend. 96, 1508, 1883.
[2]) Moro, Jahrb. f. Kinderheilk. 56, 392, 1902.
[3]) Spolverini, Rev. d'hygiène et de méd. infant. 1, 3, 1902.
[4]) Zaitscheck, Arch. f. d. ges. Physiol. 104, 539, 1904.
[5]) Hippius, Jahrb. f. Kinderheilk. 61, 365, 1905.

vor den anderen durch einen besonders hohen Gehalt an diesem Ferment aus. Koning[1]) fand es ebenfalls in Kuhmilch und arbeitete eine sinnreiche Methode zur quantitativen Bestimmung seiner Menge aus. Er fügt zu je 10 ccm Milch steigende Mengen einer 1 $^0/_0$igen Lösung von löslicher Stärke (0,05 ccm, 0,1 ccm usw.) und setzt nach 30 Minuten eine Jodjodkaliumlösung zu dem Gemisch. Nach dieser Methode fand Koning in der zuerst ermolkenen Milch mehr Diastase als in der zuletzt ermolkenen. Spolverini sieht auch in der Diastase ein Exkretionsprodukt des Organismus, seine mit Eiern, Milch und rohem Kuhpankreas gefütterte Ziege lieferte nach 1 $^1/_2$ monatlicher Ernährung mit dieser Kost eine Milch, die Stärke zu Erythrodextrin abbaute. Auf diesen Befund ist indessen jetzt kein allzu großer Wert mehr zu legen, seit die neueren Arbeiten von Zaitscheck das Vorkommen eines diastatischen Fermentes in allen von ihm untersuchten Milcharten erwiesen haben.

In der Milchdrüse selbst hat man meines Wissens noch nicht nach einem saccharifizierenden Fermente gesucht, obgleich dies sehr nahe gelegen hätte, nachdem Béchamp[2]), Herz[3]) und andere auf das Vorkommen höhermolekularer Kohlenhydrate von dextrinartigem Charakter in der Milch aufmerksam gemacht hatten. Nur Basch[4]) hatte versucht, mit Hilfe von Milchdrüsenextrakten Traubenzucker und Galaktose miteinander zu Milchzucker zu verbinden. Ein positiver Ausfall dieses Versuches hätte nach unserer heutigen Anschauung von der Reversibilität auch der fermentativen Wirkungen auf das Vorhandensein eines Fermentes schließen lassen, das befähigt ist, höhermolekulare Kohlenhydrate abzubauen.

Meine Untersuchungen an den Milchdrüsen stellte ich in der Weise an, daß ich je 2 ccm der Preßsäfte und Extrakte mit 10 ccm einer 1 $^0/_0$ igen Stärkelösung versetzte, kräftig mit Toluol schüttelte und die Gemische ca. 15 Stunden im Brutschranke beließ. Nach dieser Zeit wurden die Digestionsgemische teils mit Jodjodkalium, teils mit Fehlingscher Lösung geprüft. Es ist ohne weiteres klar, daß das letzte Verfahren bei den Extrakten und Preßsäften der milchenden Drüsen, die stets zuckerhaltig waren, keine eindeutigen Resultate zu geben vermag, auch eine quantitative Bestimmung hätte meines Erachtens keinen Erfolg versprochen, da mit der Möglichkeit gerechnet werden mußte, daß der Milchzucker bei der Digestion eine Spaltung durch eine Lactase hätte erleiden können,

---

[1]) Koning, Milchwirtschaftl. Zentralbl. 3, 41, 1907.
[2]) Béchamp, Bull. Soc. Chim. 6, 82.
[3]) Herz, Chem.-Zeitg. 16, 1594.
[4]) Basch, Asher-Spiro, Ergebn. d. Physiol. 2, 1903.

wodurch natürlich eine Steigerung der Reduktionskraft bedingt worden wäre, in allen diesen Fällen konnte lediglich die Prüfung mit Jodjodkalium Aufschluß über einen eventuellen Stärkeabbau geben. Deshalb wurden in Kontrolluntersuchungen alle verwendeten Preßsäfte und Extrakte gegen täglich mehrfach gewechseltes destilliertes Wasser bis zur völligen Zuckerfreiheit dialysiert, ein Verfahren, das bei der Verwendung von Dialysierhülsen von Schleicher und Schüll ca. 10 bis 14 Tage in Anspruch nahm. Einen Nachteil hat das Verfahren zweifellos. Wir wissen, daß die Neutralsalze der Alkalien, insbesondere Chlornatrium und schwach alkalische Salze, z. B. Phosphate, die Amylolyse in ganz bedeutendem Maße zu fördern imstande sind. Indessen glaubte ich von einem Zusatze solcher Salze absehen zu können, da mir zunächst weniger daran lag, die Reaktion quantitativ zu verfolgen, als vielmehr das Vorhandensein eines stärkespaltenden Fermentes festzustellen und die dialysierten Extrakte sowie die verschiedenen Fällungen im ganzen durchaus eindeutige Resultate ergaben. Prägnante Unterschiede zwischen milchenden und nichtmilchenden Drüsen ergaben sich beim Schafe, wie aus Tabelle IV ersichtlich ist. Die nichtmilchenden Drüsen dieser Tiere waren bis auf einen Fall, in dem ein Preßsaft Stärke in geringem Maße abzubauen vermochte, frei von einem amylolytischen Enzym, während bei zwei Milchschafen ein deutlicher Stärkeabbau zu verzeichnen war, was sich sowohl durch die Jodfärbung (Violettfärbung), wie auch durch die Reduktionsfähigkeit gegenüber Fehlingscher Lösung zu erkennen gab. Beim Rinde liegen die Verhältnisse wesentlich anders. Hier besitzen die Drüsen der nichtmilchenden Tiere fast ausnahmslos ein zum Teil sehr stark wirkendes amylolytisches Ferment, wie aus der Jodreaktion hervorging. In allen Fällen trat nach Zusatz von Jodjodkalium eine rote bis rotviolette Färbung auf, die nach Zusatz gesteigerter Mengen allerdings, da nicht alle Stärke angegriffen worden war, in Blau überging. In einem Falle (Preßsaft von Kuh 11) trat sogar eine reine Gelbfärbung, die von Jod herrührte, auf. Auffälligerweise konnte bei der Probe mit Fehlingscher Lösung niemals eine erhebliche Reduktionsfähigkeit erhalten werden, die gebildeten Zuckermengen waren stets nur sehr geringe. Ob hier vorzugsweise eine Spaltung in nicht-

Tabelle IV.

	Preßsaft		Kochsalzextrakt						Autolytischer Kochsalzextrakt					
	dialysiert	dialysiert	dialysiert	dialysiert	Mg-Fällung	½-NH₄-Fällung	NH₄-Fällung	Rest NH₄	dialysiert	dialysiert	Mg-Fällung	½-NH₄-Fällung	NH₄-Fällung	Rest NH₄
1. Nichtmilchende Tiere:														
Kuh 1	+	+	+	+										
„ 2	±	±	−	?	+	±	±	±	−	−	−	−	−	−
„ 6			±	±	+	+	+	±						
„ 7	++	++												
„ 8	++	++							+++	+++	++	++	++	±
„ 9	+	+							++	++				
„ 10	+	+	+	+	±	±	±	−						
„ 11	+++	+++	+	+										
Schaf 1			−	−										
„ 2	+	+												
„ 3														
„ 4									±	±				
„ 5														
„ 6	−	−	−	−	−	−								
Schwein 1			+++	+++	+	++	++	±	+	+				
Pferd 1	++	+	++	++					−	−				
2. Milchende Tiere:														
Kuh 3	±	−	−	±					−	−	−	−	−	−
„ 4	−	+	+	+	+	+		±						
„ 5	+	+							±	±				
Schaf 7			+	+	±	+	+	−	−	+	+	+	+	−
„ 8			+	+	±	+	+	−						
Schwein 2	++	++							+	++	+	++	++	±
„ 3	++	++			++	++	++	−						
Pferd 2	+++	+++	++	++					±	+	+	+	+	−

Zeichenerklärung: ± mit Jodjodkali Blauviolettfärbung, + Rotviolettfärbung, ++ Rotfärbung, +++ keine Färbung.

reduzierenden Substanzen stattgefunden hatte oder ob der gebildete Zucker weiter verarbeitet wurde, konnte nicht einwandfrei festgestellt werden. Ich dachte zunächst an die Bildung von Milchsäure, die sich durch das Uffelmannsche Reagens sowie durch eine Zunahme der Acidität hätte bemerkbar machen müssen; die hierüber angestellten Versuche lassen aber keinen bestimmten Schluß in dieser Richtung zu. Wohl erhielt ich in vielen Fällen nach Zusatz von Uffelmannschem Reagens zu dem Digestionsgemisch eine Gelbfärbung, diese war aber von sehr geringer Intensität und entsprach auch einer nur sehr geringen Aciditätszunahme, meist nur von 0,05 bis 0,10 ccm in 5 ccm des Digestionsgemisches, also Differenzen, die innerhalb der Fehlerquellen zu suchen sind.

In den milchenden Drüsen des Rindes ging der Abbau der Stärke, nach der Jodreaktion zu urteilen, in viel geringerem Maße vor sich. Hier wurde eine reine Rotfärbung (Erythrodextrin) niemals beobachtet, die Farbentöne schwankten immer zwischen Rotviolett und Blauviolett. Wohl aber konnte hier eine sehr viel deutlichere Kupferoxydulbildung in den dialysierten Extrakten und Preßsäften sowie in den Fällungen nachgewiesen werden. Es sei hier nochmals ausdrücklich betont, daß die dialysierten Substrate vollkommen zuckerfrei waren und gegen Fehlingsche Lösung keinerlei Reduktionserscheinungen zeigten.

Während nun die Drüsen von Schaf und Rind eine im allgemeinen nur schwache amylolytische Fähigkeit entfalten, ist die stärkeabbauende Wirkung beim Schweine und beim Pferde eine ganz ausgesprochene. Der Kochsalzextrakt der Drüse eines nichtmilchenden Schweines baute die vorgelegte Stärke fast vollständig ab, auch nach der Dialyse; mit Jod war das Vorhandensein dextrinartiger Substanzen nicht mehr nachweisbar. Beim milchenden Schweine war eine derart intensive Wirkung nicht vorhanden, aber auch hier erfolgte der Abbau in sehr energischer Weise bis zu Erythrodextrin. Bei allen Tieren wurde auch Fehlingsche Lösung sehr stark reduziert. Ganz analoge Verhältnisse haben wir beim Pferde. Hier scheint indes das milchende Tier das stärkere amylolytische Vermögen zu besitzen.

In den durch Autolyse gewonnenen Extrakten finden wir bei zwei nichtmilchenden Drüsen des Rindes eine sehr viel stärkere Amylolyse als in den frischen Preßsäften, während bei einem Rinde, dessen Preßsaft und Kochsalzextrakt nur eine sehr schwache amylolytische Fähigkeit entwickelte, das stärkespaltende Vermögen nach der Autolyse vollkommen verloren gegangen war. In den milchenden Drüsen des Rindes hatte das amylolytische Vermögen ebenfalls stark abgenommen bzw.

war verloren gegangen. Bei den nichtmilchenden Drüsen des Schafes war ein direkter Vergleich nicht möglich, doch dürfen wir hier die amylolytische Fähigkeit der autolytischen Extrakte wohl vernachlässigen. Bei der milchenden Drüse eines Schafes ergab sich, daß nach der Dialyse der autolytische Extrakt eine deutliche Wirksamkeit auch in bezug auf die Reduktionsfähigkeit gegenüber Fehlingscher Lösung erlangte, während das nicht dialysierte Autolysat ein vollkommen negatives Resultat zeitigte.

Beim Schweine beobachten wir im Autolysat der nichtmilchenden Drüse eine Abnahme des Stärkeabbauvermögens, beim milchenden Tiere ergab sich, wie schon beim Schafe, nach der Dialyse eine deutliche Zunahme der Amylolyse. Das gleiche war bei der lactierenden Drüse des Pferdes zu beobachten. Es scheint, als ob bei der Autolyse der Drüsensubstanz Stoffe gebildet werden, die die Wirkung des Ferments zu beeinträchtigen vermögen und nach deren Entfernung bei der Dialyse das Ferment seine volle Wirksamkeit auszuüben vermag.

Bezüglich der Fällungsverhältnisse fand ich, daß die Amylase bei sämtlichen Tierarten durch Sättigung mit Magnesiumsulfat und Halbsättigung mit Ammoniumsulfat gefällt wird; in dem daraus erhaltenen Filtrat lassen sich durch Ganzsättigung mit Ammoniumsulfat höchstens noch Spuren des Ferments nachweisen.

V. Salolase.

Das salolspaltende Vermögen von Frauen- und Eselmilch wurde von Nobécourt und Merklen[1] entdeckt, von Luzzatti und Biolchini[2], Moro[3], Spolverini[4] und Hippius[5], neuerdings von Usener[6] bestätigt. Auch Hundemilch besitzt diese Eigenschaft, während sie in den Milcharten der Wiederkäuer vermißt wird. Nur Vandevelde[7] hat auch in Kuhmilch Salolase gefunden, und Spolverini konnte sie in Ziegenmilch beobachten, wenn das Tier mit Malzkeimen gefüttert wurde.

---

[1] Nobécourt und Merklen, Compt. rend. Soc. Biol. 53, 148, 1901.

[2] Luzzatti und Biolchini, zit. n. Raudnitz in Asher-Spiro, Ergebn. d. Physiol. 2, 1903.

[3] Moro, Jahrb. f. Kinderheilk. 56, 392, 1902.

[4] Spolverini, Rev. d'hyg. et de méd. inf. 1, 3, 1902.

[5] Hippius, Jahrb. f. Kinderheilk. 61, 365, 1905.

[6] Usener, Zeitschr. f. Kinderheilk. 5, 431, 1912.

[7] Vandevelde, zit. n. Raudnitz, Die Arbeiten auf dem Gebiete der Milchwissenschaft usw. Monatsschr. f Kinderheilk. 7, Heft 7, 1908.

Tabelle V.

Milchdrüse von	Preßsaft dialysiert	Kochsalzextrakt dialysiert	Mg-fällung	1/2-NH₄	NH₄	Rest NH₄	Autolytischer Kochsalzextrakt dialysiert	Mg-fällung	1/2-NH₄	NH₄	Rest NH₄
1. Nichtmilchenden Tieren.											
Kuh 1	+++	+++	+++								
„ 2	+++	+++	+++	+++	+	+++	+++	—	++	+++	—	++	++	—
„ 6			+++	+++	Spur	+++	+++	Spur					
„ 7	+++											
„ 8	+++	+++						+++	+++	+	++	++	Spur
„ 9	+++							+	+++				
„ 10	+++		+++		Spur	++	++	Spur					
„ 11	+++		+++									
Schaf 1			+++	+++								
„ 2	+++	+++										
„ 3								++	+++				
„ 4								++	+++				
„ 5			+++	+++								
„ 6			+++	+++	Spur	+++	+++	Spur					
Schwein 1			++	+++	+	++	++	Spur	+	+++			
Pferd 1	++	++	++					++	++			
2. Milchenden Tieren.											
Kuh 3	++	+++	+++					+	++	+	++	++	Spur
„ 4	++	+++	+	+++	Spur	++	+++	Spur					
„ 5	+++	+++						+	+++				
Schaf 7		+++	+++	+	+++	+++	Spur					
„ 8		+++	+++	+	+++	+++	—	+	+++	Spur	+++	+++	Spur
Schwein 2	+	+++						+++	+++	—	+++	+++	Spur
„ 3			+	+++	+	+++	+++	—					
Pferd 2	+++	+++	++					+++	+++	—	+++	+++	Spur

Zeichenerklärung: +++ tiefintensive Dunkelviolettfärbung, ++ durchscheinende Violettfärbung, + Hellviolettfärbung.

Nach Untersuchungen von Moro ist die die Reaktion in der Frauenmilch auslösende Substanz thermostabil, kann also nicht zu den Fermenten gerechnet werden, wie dies vorher von Nobécourt und Merklen getan worden war. Bénoit[1]) konnte erst durch 15 Minuten langes Erhitzen der Frauenmilch auf 115° ihre salolspaltende Wirkung zum Verschwinden bringen.

---

[1]) Bénoit, zit. n. Raudnitz, Die Arbeiten usw. Monatsschr. f. Kinderheilk. 2, Heft 12, 1904.

In striktem Gegensatze hierzu gibt Hippius an, daß die Salolase der Frauenmilch bereits beim Erwärmen auf 55 bis 60° deutlich geschwächt, beim Erwärmen auf 65° nahezu vollständig vernichtet wird. Desmoulières[1]) faßt die salolspaltende Wirkung als eine durch die alkalisch reagierenden Aschenbestandteile der genannten Milcharten bedingte Verseifung auf und stützt diese Annahme durch Versuche: Eine Sodalösung von derselben Alkalinität wie der der Frauenmilch war imstande, Salol zu spalten, ebenso eine gegen Lackmus neutralisierte Lösung von 1,5 g sekundärem Natriumphosphat, 1 g Citronensäure, 50 g Milchzucker im Liter. Als Miele und Willen[2]) Kuhmilch alkalisierten, fanden sie auch in dieser Salolspaltung und vertreten infolgedessen ebenfalls den Standpunkt, daß hier eine durch die Alkalinität bedingte Verseifung vorliegt.

Die von mir mit Hunde- und Schweinemilch vorgenommenen Prüfungen ergaben in beiden das Vorkommen von Salolase. Ebenso wurde sie in sehr stark wirkendem Maße in Preßsäften, Kochsalzextrakten und autolytischen Extrakten der Milchdrüsen von Rind, Schaf, Schwein und Pferd (Tabelle V), sowie in den Glycerinextrakten von milchenden und nichtmilchenden Drüsen von Schaf, Ziege, Schwein und Pferd, sowie in den nichtmilchenden Drüsen des Rindes gefunden, während sie auffälligerweise in den Glycerinextrakten der milchenden Drüsen dieses Tieres (3 Fälle) fehlte. In sämtlichen wirksamen Extrakten konnte die salolspaltende Eigenschaft durch Erhitzen zerstört werden, ein Umstand, der dafür spricht, daß wir es hier mit fermentativen Vorgängen zu tun haben. Diese Anschauung erhält eine wesentliche Stütze durch die Reaktionsverhältnisse der Glycerinextrakte gegenüber Phenolphthalein und Lackmus. Keiner der genannten Extrakte reagierte nämlich alkalisch, sondern ziemlich intensiv sauer, wie nachfolgende Zusammenstellung zeigt. (S. Tabelle VI.)

Wesentlich anders lagen die Verhältnisse bei den Kochsalzextrakten und Preßsäften. Hier war ebenfalls in der Regel eine gegen Phenolphthalein saure, gegen Lackmus aber alkalische bis höchstens neutrale Reaktion vorhanden (Tabelle VII).

Diese Unterschiede in der Reaktion lassen sich meines Erachtens nur durch den verschiedenen Dissoziationsgrad der Salze in den Glycerinextrakten einerseits, den Kochsalzextrakten andererseits erklären. Daß immerhin die gegen Lackmus be-

---

[1]) Desmoulières, Journ. de Pharm. et de Chim. **17**, 252, 1903.
[2]) Miele und Willen, Compt. rend. **137**, 135, 1903.

Tabelle VI.

	Angewandte Extraktmenge ccm	Verbrauchte ccm $n/_{10}$-NaOH gegen	
		Phenolphthalein	Lackmus
Milchende Drüsen von:			
Kuh a[1]	5	2,3	1,5
Kuh b[1]	5	1,0	0,7
Kuh c[1]	5	2,3	1,2
Schaf a	5	0,8	0,6
Ziege a	5	1,9	1,5
Nichtmilchende Drüsen von:			
Kuh d	5	1,4	1,0
Kuh e	5	1,1	0,9
Schaf b	5	1,3	0,8
Schaf c	5	1,4	0,7
Ziege b	5	1,3	0,9
Schwein b	5	0,3	0,2
Pferd	5	2,1	0,6

Tabelle VII.

	Extraktmenge ccm	Reaktion gegen		
		Phenolphthalein	Lackmus roh	gekocht
Kuh 1 (Kochsalzextrakt) . .	5	0,8 NaOH	1,4 H_2SO_4	1,2 H_2SO_4
Kuh 2 (Kochsalzextrakt) . .	5	0,7 "	amphoter	0,2 "
Kuh 2 (autol. Extrakt) . . .	5	1,2 "	0,8 H_2SO_4	0,9 "
Kuh 3 (Kochsalzextrakt) . .	5	4,9 "	2,8 "	3,0 "
Kuh 3 (autol. Extrakt) . . .	5	1,3 "	0,7 "	0,8 "
Schaf 1 (Kochsalzextrakt) . .	5	1,6 "	2,0 "	1,9 "
Schwein 1 (Kochsalzextrakt)	5	0,1 H_2SO_4	1,0 "	1,15 "
Schwein 1 (autol. Extrakt) . .	5	2,8 NaOH	1,6 "	1,7 "

usw.

stehende alkalische Reaktion kaum die Salolspaltung hervorrufen kann, ergibt sich daraus, daß die gekochten Extrakte, die ausnahmslos unwirksam waren, eine gegenüber den rohen Extrakten kaum veränderte, in den meisten Fällen sogar um ein geringes erhöhte alkalische Reaktion zeigten. Ich versuchte nunmehr, die alkalische Reaktion dadurch auszuschalten, daß ich die Extrakte gegen Lackmus neutralisierte, erhielt aber hierbei keine eindeutigen Resultate. In den meisten Fällen ging die Intensität der Reaktion stark zurück, in einigen schwand

---

[1] In diesen Drüsenextrakten war keine Salolase enthalten.

sie vollkommen und nur in wenigen blieb sie in unveränderter Stärke bestehen. Dieses Verhalten scheint ja nun dafür zu sprechen, daß die Alkalinität doch die Ursache der Salolspaltung gewesen sei; dann hätte man aber erwarten dürfen, daß bei erneuter Alkalisierung die Reaktion wieder auftreten würde, was jedoch nicht der Fall war. Wir können diese Ausfallserscheinungen aber ebensogut mit Denaturierungsvorgängen erklären, wie sie uns aus der Eiweißchemie zur Genüge bekannt sind. Diese lassen sich aber vermeiden, wenn man einen anderen Weg, die die Reaktion beeinflussenden Salze zu entfernen, einschlägt, die Dialyse. In der Tat besaßen die dialysierten Extrakte, die entweder vollkommen neutral oder nur noch ganz schwach alkalisch reagierten, noch immer die Fähigkeit, Salol zu spalten, im vollsten Umfange, teilweise sogar in verstärktem Maße. Beim Erhitzen wurde dieses Vermögen vollkommen zerstört.

Hiermit dürfte der Beweis erbracht sein, daß im vorliegenden Falle die Zerlegung des Salols nicht auf die Alkalinität der Substrate, sondern auf ein Ferment zurückzuführen ist, das seine Wirksamkeit sowohl bei gegen Lackmus schwach alkalischer Reaktion, wie wir sie in den natürlichen Gewebssäften und Extrakten vorfinden, wie auch bei neutraler Reaktion ausüben kann.

Die Salolase ist aus ihren Lösungen durch vollständige Sättigung mit Magnesiumsulfat nicht vollständig fällbar, wohl aber wird sie durch Halbsättigung mit Ammoniumsulfat aus ihren Lösungen fast vollständig mit niedergerissen. In den halbgesättigten Filtraten sind höchstens noch Spuren des Ferments vorhanden, die durch vollständige Sättigung ausgesalzen werden können. Das durch Halbsättigung gefällte Ferment geht mit Wasser leicht wieder in Lösung. Im Dialysat, das stets vollkommen neutral reagierte, wurde regelmäßig eine Salolspaltung beobachtet, die sich hinsichtlich ihrer Intensität nicht oder nur in geringem Maße von der Ausgangsflüssigkeit unterschied.

In den Extrakten der autolysierten Milchdrüsen fand sich die Salolase ebenfalls vor; vielfach allerdings war das Spaltungsvermögen nicht sehr hervortretend. Diese Erscheinung hat ihren Grund allem Anscheine nach in einer Hemmung, die von bei der Autodigestion entstandenen dialysablen Substanzen herrührt. Nach der Dialyse der Extrakte trat in diesen Fällen das Spaltungsvermögen wieder sehr viel stärker in Erscheinung. Die Fällungsverhältnisse hatten sich auch bei den autodigerierten Extrakten nicht wesentlich verändert; die Hauptmenge des Ferments fiel bei der Halbsättigung mit Ammoniumsulfat aus, während die Sättigung mit Magnesiumsulfat keine oder nur eine ungenügende Fällung bewirkte.

VI. Peroxydase.

Die oxydierende Eigenschaft der Kuhmilch auf Guajactinktur bei Gegenwart eines Peroxyds (Wasserstoffsuperoxyd, Terpentinöl usw.) wurde im Jahre 1881 durch Arnold[1]) bekannt. Auch Schaf- und Ziegenmilch besitzen diese Eigenschaft, während den sogenannten Albuminmilcharten, Frauen-, Hunde-, Esel-, Stuten- und Schweinemilch, diese Fähigkeit abgeht. Hier findet sich eine derartige Substanz nach Angaben von Raudnitz[2]) und Rullmann[3]) nur im Colostrum und in der gegen Ende der Lactation sezernierten Milch. Daß diese Milcharten nun vollkommen frei von oxydierenden Substanzen sind, darf hieraus nicht geschlossen werden; für die Frauenmilch muß auf Grund der Angaben von Raudnitz[2]), Kollo[4]), Graziani[5]), Schellhase[6]), Kastle und Porch[7]), Marfan und Weill-Hallé[8]), die teils mit Guajacol, teils mit Paraphenylendiamin arbeiteten, als sicher angenommen werden, daß auch sie ein oxydierendes Prinzip enthält, das allerdings nicht auf Guajactinktur wirkt. Graziani fand weiterhin ein Paraphenylendiamin oxydierendes Agens in Pferde-, Esel- und Hundemilch, ich selbst in Hunde- und Schweinemilch, während ich eine Guajactinktur bläuende Substanz nur ein einziges Mal in dem 5 Tage vor der Geburt abgesonderten Sekret eines Hundes nachweisen konnte.

Daß das oxydierende Prinzip der Milch ein Ferment sei, ist lange Jahre angesichts der Tatsache, daß es beim Erhitzen, sowie durch einige Fermentgifte, z. B. Wasserstoffsuperoxyd, Blausäure, Rhodankalium vernichtet wird, als feststehend angesehen worden, ebenso, daß es ein originäres Produkt der Milchdrüse und nicht ein bakterielles Enzym darstellt. Eine Ausnahmestellung zu dem letzten Punkte nimmt nur Spol-

---

[1]) Arnold, Arch. d. Pharmakol. 219, 41, 1881.
[2]) Raudnitz, Centralbl. f. Physiol. 1898, Heft 24.
[3]) Rullmann, Zeitschr. f. Nahrungs- u. Genußmittel 7, 81, 1904.
[4]) Kollo, Pharm. Post 36, 741, 1903.
[5]) Graziani, Giornale della R. Soc. Ital. d' Igiene 29, Nr. 4, 1907.
[6]) Schellhase, Berliner tierärztl. Wochenschr. 1908, 723.
[7]) Kastle und Porch, Journ. of Biolog. Chem. 4, 301, 1908.
[8]) Marfan und Weill-Hallé, Compt. rend. Soc. Biol. 69, 396, 1910.

verini[1]) ein, der alle Milchfermente als Exkretionsprodukte des tierischen Körpers ansieht und die Ansicht verficht, daß die Milchperoxydase der Herbivoren aus dem Futter stamme und vom Organismus durch die lactierende Drüse abgeschieden werde, da es ihm angeblich gelungen war, von einer Ziege, nachdem sie auf animalische Kost gesetzt worden war, eine peroxydasefreie Milch zu erhalten. Diese Beobachtung kann nicht ohne weiteres als beweiskräftig angesehen werden. Die Veränderung in der Nahrung des Tieres — Milch, Eier, Fleisch — ist eine so einschneidende, und diese Nahrung selbst so wenig den natürlichen Bedürfnissen dieses Tieres angepaßt, daß Funktionsstörungen aller Organe, auch der Milchdrüse, leicht die Folge davon sein können. Wie leicht solche abnormen Verhältnisse die Eigenschaften der Milch verändern können, zeigen folgende von mir gemachte Beobachtungen. Im Versuchsstalle unseres Instituts steht eine Ziege, die seit mehr als 6 Jahren ununterbrochen Milch gibt, in der ich, trotzdem das Tier reichliche Heugaben erhält, im Verlaufe des letzten Jahres mehrfach vergebens nach einer Peroxydase suchte[2]). Bei der Untersuchung der Milch einer thyreoidektomierten Ziege, also ebenfalls eines Tieres, das an schweren Funktionsstörungen litt, konnte ich eine nur sehr unbedeutende und später keine Peroxydasereaktion mehr beobachten. Die Ansicht Spolverinis hat sich auch Orla Jensen[3]) zu eigen gemacht.

Erst in neuerer Zeit sind Zweifel an der Fermentnatur der Peroxydase der Kuhmilch laut geworden, nachdem die oxydierende Wirksamkeit des Blutes von v. Fürth auf das Hämoglobin, dessen Wirksamkeit durch das Erhitzen nicht zerstört wird, zurückgeführt worden war, und seit von verschiedenen Autoren, so z. B. von Alsberg[4]), Sarthory[5]) auf das Oxydationsvermögen verschiedener anorganischer Salze aufmerksam gemacht worden war. Auch Wolff[6]) berichtet über eine große Zahl von teils komplexen Eisensalzen, die befähigt sind, Oxydationserscheinungen auszulösen. Die ersten, die die Fermentnatur der Milchperoxydase bezweifelten, waren Bordas und Touplain[7]), die dem Casein die oxydierende Wirkung zuschreiben. Nach J. Meyer[8]) sowohl wie auch nach Sarthou[9]) und Nikolas[10]) ist diese Auffassung

---

[1]) Spolverini, Rev. d'hygiène et de méd. infant. 1904, Nr. 2.

[2]) Das Tier hat während dieser ganzen Zeit niemals geworfen.

[3]) Orla Jensen, Centralbl. f. Bakt. u. Parasitenk. II, **18**, 211, 1907.

[4]) Alsberg, Arch. f. experim. Pathol. u. Pharmakol. Suppl.-Bd. **1908**, 39.

[5]) Sarthory, Compt. rend. Soc. Biol. **70**, 700, 1911.

[6]) Wolff, Thèse de Paris 1910.

[7]) Bordas und Touplain, Compt. rend. **148**, 1057, 1909.

[8]) J. Meyer, Arbeiten a. d. Kaiserl. Gesundheitsamte **34**, Heft 1, 1910.

[9]) Sarthou, Journ. Pharm. Chim. (7), **1**, 113.

[10]) Nikolas, Bull. Soc. Chem. de France **9**, 266, 1911.

durchaus nicht haltbar, Bordas und Touplain waren zu ihrer irrigen Ansicht dadurch gekommen, daß sie für ihre Peroxydasereaktionen ein 10 bis 12%iges Wasserstoffsuperoxyd verwendeten, das allein schon imstande war, Paraphenylendiaminlösungen langsam zu oxydieren. Neuerdings haben Hesse und Kooper[1]) mit ziemlicher Energie den Standpunkt vertreten, daß Mineralbestandteile der Milch die Ursache der Oxydationserscheinungen sind.

Meine in dieser Richtung mit Kuh-, Ziegen- und Schafmilch angestellten Versuche, die den Zweck verfolgten, die Natur des oxydierenden Prinzips dieser Milcharten zu erkennen, können diese Anschauungen nicht stützen. Die Nachprüfung des Befundes von Raudnitz, nach dem die Kuhmilchperoxydase durch Ganzsättigung mit Magnesiumsulfat oder Halbsättigung mit Ammoniumsulfat fällbar ist, ergab, daß diese Annahme nicht zutrifft. Meine an Lab- und Bleiserum angestellten Versuche ergaben vielmehr, daß hierbei eine Fällung des Fermentes nicht stattfindet, daß also die Kuhmilchperoxydase, wenn sie überhaupt zu den Milcheiweißkörpern in Beziehungen steht, mit der Globulinfraktion nicht in solche gebracht werden kann. Hingegen wird das oxydierende Agens durch alle Reagenzien gefällt, von denen auch Milchalbumin gefällt wird.

Um größere Mengen an Substanz zu erhalten, versuchte ich zunächst nach dem Vorbilde von Waentig[2]) aus dem Serum die Eiweißkörper und mit ihnen das Ferment durch Alkohol zu fällen. Dieses Verfahren erwies sich aber bei größeren Flüssigkeitsmengen als undurchführbar, da innerhalb kurzer Zeit das gefällte Eiweiß denaturiert und gleichzeitig das Ferment vernichtet wurde. Nur bei geringen Flüssigkeitsquanten, die innerhalb weniger Minuten nach dem Zusatze des Alkohols filtriert werden konnten, gelang es, bei nachfolgender Behandlung mit Wasser das Ferment teilweise in Lösung zu bringen, wobei stets auch Albumin gelöst wurde. Es zeigte sich also hier wie überhaupt ein weitgehender Parallelismus zwischen Milchalbumin und dem oxydierenden Prinzip der Milch. Versuche, den schädigenden Einfluß des Äthylalkohols dadurch zu

---

[1]) Hesse und Kooper, Zeitschr. f. Nahrungs- u. Genußmittel 21, 385, 1911.
[2]) Waentig, Arbeiten a. d. Kaiserlichen Gesundheitsamte 26, 464, 1907.

vermeiden, daß ich an seiner Stelle Methylalkohol oder Aceton verwendete, ergaben immer das gleiche Resultat, daß nämlich, sobald das gefällte Eiweiß denaturiert, d. h. vollkommen unlöslich gemacht worden war, auch die Oxydationsfähigkeit verschwand, während andererseits noch Milchalbumin gelöst wurde, so lange sich eine Oxydationswirkung der Lösung gegenüber Guajactinktur und Paraphenylendiamin-Guajacol (Rothenfußers Reagens) bemerkbar machte. Dieser Befund steht im Gegensatze zu dem von Waentig, der auch nach der vollständigen Denaturierung des Milchalbumins durch sehr stark verdünnte Essigsäure eine Lösung der Peroxydase erzielen konnte. Um die Zerstörung des Fermentes zu vermeiden, wandte ich späterhin nur noch die Fällung mit Ammoniumsulfat an, das einerseits keine Schädigung des Fermentes bewirkte und mir andererseits die Möglichkeit zu bieten schien, durch spontan entstehende indifferente Niederschläge Ferment und Eiweißkörper voneinander zu trennen. Diese Hoffnung hat sich allerdings nicht erfüllt, meine Versuche, in einer Ammoniumsulfat enthaltenden Milchalbuminlösung durch Zusatz von Bleiacetat, Calciumchlorid oder Bariumchlorid, ebenso durch Schütteln einer solchen Lösung mit Kohle das Ferment von dem Eiweiß zu trennen, verliefen stets ergebnislos. Auch durch Fällung mit Uranylacetat, einem vielfach mit Erfolg angewendeten Verfahren, konnte eine Trennung nicht erzielt werden.

Bei pflanzlichen Oxydasen, die gegen chemische Einflüsse sehr viel widerstandsfähiger zu sein scheinen als die tierischen, konnte van der Haar eine Eliminierung des Eiweißes dadurch erhalten, daß er die eiweißhaltigen Fermentlösungen bis zum Koagulationspunkt des Eiweißes erhitzte; bei der Milchperoxydase war das Verfahren nicht anwendbar, sobald das Eiweiß anfing zu koagulieren, ging stets auch die Oxydationsfähigkeit der Lösung zurück und erreichte den 0-Punkt, wenn alles Eiweiß geronnen war. Schließlich sei noch eine Beobachtung erwähnt, die gleichfalls die Parallelität der Peroxydase und des Milchalbumins erweist. Wenn ich sehr konzentrierte Albumin-Fermentlösungen zum Zwecke der Konservierung mit Chloroform versetzte, so entstand sehr bald ein immer reichlicher werdender Niederschlag von denaturiertem Eiweiß, gleichzeitig ging die Peroxydasereaktion in auffälliger Weise zurück.

Wurde von dem Niederschlage abfiltriert und das vollkommen klare Filtrat erneut mit Chloroform versetzt, so wiederholte sich die Erscheinung, bis schließlich die Peroxydasereaktion vollständig verschwunden und das Milchalbumin gänzlich denaturiert war.

Einen letzten Versuch zur Isolierung des Fermentes machte ich, indem ich die durch Dialyse nach Möglichkeit von Ammoniumsulfat befreite Albuminlösung der peptischen und tryptischen Verdauung unterwarf. Die letztere ließ ich bei vollkommen neutraler Reaktion vor sich gehen, die peptische Verdauung hingegen in einer $0{,}02^0/_0$ igen Salzsäure. Eine höhere Säurekonzentration durfte ich nicht wählen, da hierdurch die Wirksamkeit des oxydierenden Fermentes erheblich beeinträchtigt wurde, andererseits schien mir diese Konzentration hinreichend, da Fibrin, wenn auch langsam, in einer solchen Lösung von Pepsin verdaut wurde. Nach 24 stündiger Digestion hatten indessen die Albuminlösungen ihre oxydierenden Eigenschaften vollkommen verloren, die proteolytischen Fermente hatten also die Peroxydase zerstört.

Mit diesen Versuchen fallen auch die Bestrebungen, die oxydierende Wirkung der Wiederkäuermilch — meine an Ziegen- und Schafmilch angestellten Versuche stimmten vollkommen mit denen bei Kuhmilch überein — auf anorganische Substanzen zurückzuführen. Insbesondere stellte ich durch weitere Versuche fest, daß die gegen einige Indicatoren (Lackmus, Helianthin) alkalische Reaktion der Milch nicht die Ursache ihrer Oxydationsfähigkeit sein kann. 100 ccm normale Kuhmilch besitzen eine Alkalinität von rund 35 ccm $n/_4$-Schwefelsäure, die wohl fast ausschließlich auf Rechnung primärer und sekundärer Phosphate zu setzen ist. Die letzteren fallen bei der Labgerinnung der Milch mit aus, so daß Labserum bereits eine erheblich niedrigere Alkalinität (12 bis 15 ccm $n/_4$-Schwefelsäure) hat. Bei der Fällung mit Ammoniumsulfat werden nun auch die primären Phosphate eliminiert, sei es, daß sie in Lösung bleiben, sei es, daß sie in Sulfate übergeführt werden. In der Tat zeigten mit Ammoniumsulfat mehrfach umgefällte Milchalbuminlösungen, die auf dasselbe Volumen gebracht wurden, wie die angewandte Serummenge betrug, nur noch eine ganz geringe Alkalinität (0,4 ccm $n/_4$-Schwefelsäure), der

Aschengehalt der Albuminlösung betrug nur noch 0,01%, die beiden Werte waren somit bis auf den 80. Teil derjenigen der Milch herabgesunken, die Intensität der Peroxydasereaktion jedoch war vollkommen unverändert geblieben, während Alkalien in dieser Verdünnung keine bemerkenswerte Reaktion mehr hervorzurufen vermögen.

Es ergibt sich somit aus den vorliegenden Versuchen, daß die oxydierende Wirkung der rohen Milch nicht durch anorganische Katalysatoren, insbesondere nicht durch ihre alkalische Reaktion bedingt werden kann, da die von mir erhaltenen Albuminlösungen im Vergleiche zum Ausgangsmaterial — Milch bzw. Serum — so aschenarm waren, daß diese geringe Menge praktisch vernachlässigt werden kann. Vielmehr deuten alle meine Untersuchungsergebnisse darauf hin, daß Milchalbumin selbst der Träger der Peroxydasewirkung ist. Dafür sprechen die gleichen Fällungsverhältnisse sowie der Umstand, daß jede tiefer greifende Veränderung des Milchalbumins eine zerstörende Wirkung der oxydierenden Eigenschaften zur Folge hat, wie dies bei der Denaturierung des Albumins durch Äthyl- und Methylalkohol, Aceton und Chloroform sowie bei dem peptischen und tryptischen Abbau des Eiweißes zum Ausdruck kam.

Es war nun von vornherein zu erwarten, daß das oxydierende Ferment sich auch in den lactierenden Drüsen der Wiederkäuer vorfinden würde, ungewiß dagegen, ob es in den nichtmilchenden Drüsen derselben Tiere und in den Drüsen derjenigen Tierarten, deren Milch keine so ausgesprochene oxydierende Wirkung besitzt, enthalten ist. Bei diesen Untersuchungen müssen wir uns die Schwierigkeiten vergegenwärtigen, die dem einwandfreien Nachweise eines oxydierenden Fermentes in den Drüsenextrakten wie in Gewebsextrakten überhaupt entgegenstehen. Die früher gehegte Anschauung, daß im Blute ein oxydierendes Ferment enthalten sei, kann als endgültig widerlegt betrachtet werden; als den Träger der oxydierenden Wirkung haben Moitessier[1], Lesser[2], v. Fürth und v. Czyhlarz[3] das Hämoglobin erkannt, das auch nach dem Er-

---

[1] Moitessier, Compt. rend. Soc. Biol. 57, 373, 1904.
[2] Lesser, Zeitschr. f. Biol. 49, 571.
[3] v. Czyhlarz und v. Fürth, Beiträge z. chem. Physiol. u. Pathol. 10, 358, 1907.

hitzen seiner Lösungen sowie des Blutes eine unverminderte Reaktion gibt. Im Blutserum selbst aber ist, wie die genannten Autoren schon erwähnten, und wie ich mich selbst mehrfach überzeugen konnte, kein oxydierendes Agens enthalten.

Unter Berücksichtigung dieses Umstandes ist nun in der neueren Literatur die Guajactinktur als Mittel zum Nachweise oxydierender Substanzen, die nicht aus dem Blute stammen, durchaus verworfen worden, und man hat andere Reaktionen vorgeschlagen, die nicht durch das Blut bedingt werden. So empfehlen v. Czyhlarz und v. Fürth die Oxydation von Jodwasserstoffsäure bei Anwesenheit eines Peroxydes, die wohl durch ein Ferment, nicht aber durch das Blut bewirkt werden soll, während Battelli und Stern[1]) auch dieses Verfahren als nicht einwandfrei anerkennen können und die Oxydation verschiedener organischer Säuren (Ameisensäure, Äpfelsäure, Bernsteinsäure, Citronensäure) als den Ausdruck einer fermentativen Wirkung betrachten. Gelegentlich ähnlicher Versuche wie der vorliegenden aus unserem Institute ergab sich, daß sich weder die Oxydation von Jodwasserstoff noch die von Ameisensäure in der von Battelli und Stern geübten Ausführungsform zur Beantwortung der Frage nach der Fermentnatur der oxydierenden Eigenschaften der Milch und der Milchdrüse eignen, während sich die uns zur Verfügung stehende Guajactinktur als ein sehr brauchbares Mittel hierfür erwies. Wir konnten nämlich feststellen, daß das Blut der verschiedensten Tierarten (Rind, Schaf, Schwein, Pferd, Hund, Kaninchen) nicht imstande war, diese Guajactinktur für sich allein zu bläuen, sondern stets nur in Gegenwart eines stark wirkenden Peroxydes, als welches Wasserstoffsuperoxyd in 0,2 bis 0,3 $^0/_0$ iger Lösung, da dieses durch die Blutkatalase geradezu explosionsartig zersetzt wird, nicht in Frage kommen kann. Als wirksam erwiesen sich nur konzentriertes (3 $^0/_0$ iges) Wasserstoffsuperoxyd und solche Peroxyde, die von der Katalase nicht angegriffen werden, z. B. altes Terpentinöl oder Äthylhydroperoxyd. Unter Berücksichtigung des Umstandes, daß in der

---

[1]) Battelli und Stern, Biochem. Zeitschr. **13**, 44, 1908; ebenda **31**, 478, 1911.

Milch eine Oxydation der Guajactinktur vielfach bereits bei Abwesenheit eines der genannten Peroxyde vor sich geht (das dann bereits in der Guajactinktur enthaltene Peroxyd, das hier als Sauerstoffträger fungiert und dessen Existenz ich nachwies, indem ich Guajactinktur mit der 5 bis 6 fachen Menge Wasser versetzte, die entstandene Emulsion mehrfach mit Äther ausschüttelte und den wässerigen Rückstand mit Jodkalium und etwas Schwefelsäure versetzte, ist nach den vorliegenden Untersuchungen nicht imstande, mit Blut eine Reaktion hervorzurufen) konnte angenommen werden, daß eine spontan eintretende Blaufärbung nach dem Zusatze einer solchen Tinktur zu einem Extrakte auf die Anwesenheit eines oxydierenden Fermentes zurückzuführen ist, besonders wenn es gelang, durch Erhitzen der Extrakte diese Reaktion zu unterdrücken. Daß nicht etwa geringe Blutmengen die Oxydation bewirkten, ging sowohl aus der obenerwähnten Wahrnehmung hervor, sowie auch daraus, daß ein Zusatz von Blut zu unwirksamen Extrakten in einer solchen Menge, daß die Art der Färbung derselben eine ganz unverkennbare war und in keinem Verhältnisse zu der der von mir sonst benutzten Extrakte stand, keine Blaufärbung der Guajactinktur hervorzurufen vermochte. Das war immer erst der Fall nach Zusatz eines der stärker wirkenden Peroxyde.

Die Verwendung des bei der Milchuntersuchung so vorzüglich wirkenden Rothenfußerschen Reagenses verbot sich aus dem Grunde, weil auch Blut dasselbe zu oxydieren vermag. Wenn bei der Herstellung meiner Extrakte auch peinlichst darauf geachtet wurde, daß die Drüsen möglichst entblutet waren und größere Blutgefäße stets vor der Verarbeitung der Drüsen beseitigt wurden, so war es doch immerhin nicht möglich, die Anwesenheit von Blut in den Extrakten vollkommen zu vermeiden.

Die ersten meiner Versuche, die an Glycerinextrakten von Pferd, Rind, Schaf, Ziege und Schwein in der Weise ausgeführt wurden, daß ich die Extrakte zu sterilisierter Milch hinzufügte und dann die Reagenzien (Guajactinktur-Wasserstoffsuperoxyd bzw. Paraphenylendiamin-Wasserstoffsuperoxyd), veranlaßten mich seinerzeit zu dem Schlusse, daß in den durch einfache Glycerinextraktion erhaltenen Extrakten keine Peroxydase enthalten sei, daß diese vielmehr erst dann auftritt, wenn der bereits mit Glycerin extrahierte Drüsenbrei mit Quarzsand verrieben und von neuem extrahiert wurde. Dieser Schluß ist, wie meine späteren Untersuchungen zeigten, nicht haltbar. Denn es stand mir damals zunächst nur eine Guajactinktur zur Verfügung, die auch bei Milch nur unter Mitwirkung von Wasserstoffsuperoxyd reagierte, in dieser Hinsicht also keine Unterscheidung zwischen Blut und Ferment gestattete; weiterhin aber verwandte ich ein Peroxyd, das durch die in den Drüsenextrakten enthaltene Katalase zerstört wurde. Es ist deshalb sehr leicht erklärlich, daß ich in den zuerst gewonnenen Extrakten keine Peroxydasereaktion erhielt. Daß ich bei der zweiten Extraktion positive Resultate erzielte, kann wohl dadurch erklärt werden, daß in diesen Extrakten bei weitem weniger Katalase enthalten war, so daß nun das Wasserstoffsuperoxyd auch zu Oxydationszwecken verwendet werden konnte. Bei meinen späteren mit Kochsalzextrakten und Preßsäften ausgeführten Versuchen stand mir eine Guajactinktur zur Verfügung, die gegen Milch, also ein blutfreies Substrat, ohne den Zusatz eines Peroxydes wirksam war, während sie gegen Blut, wie schon erwähnt, nur bei Gegenwart eines stark wirkenden Peroxydes reagierte. Die nunmehr erhaltenen Resultate dürfen somit als durchaus einwandfrei bezeichnet werden. Als Kontrollprobe, der indessen kein Wert beigemessen werden kann, wurde die Rothenfußersche Reaktion angestellt, wobei ich das Wasserstoffsuperoxyd durch $0{,}1\%$iges Äthylhydroperoxyd ersetzte, das vor dem ersteren den Vorzug hat, durch die in den tierischen Geweben enthaltene Katalase nicht zersetzt zu werden. Bei den lactierenden Drüsen von 3 Kühen und 2 Schafen trat mit Guajactinktur prompt eine intensive Reaktion ein, wobei ein Unterschied in der Intensität zwischen Preßsäften und Kochsalzextrakten nicht zu konstatieren war, während bei den lactierenden Drüsen zweier Schweine und eines Pferdes sowie den nichtmilchenden Drüsen von 7 Kühen, 6 Schafen, 1 Schwein und 1 Pferd keine Guajacbläuung beobachtet werden konnte. In einigen dieser Fälle konnte nach Zusatz von Äthylhydroperoxyd eine mehr oder weniger intensive Bläuung hervorgerufen werden, während bei Anwendung erhitzter Extrakte diese Erscheinung nicht mehr oder nur in sehr geringem Maße auftrat. Ich will es dahingestellt sein lassen, ob wir es hier mit einer Reaktion des Blutes oder anderer Substanzen zu tun haben, wichtig für die Beantwortung der Frage, ob in diesen Drüsen ein der Milchperoxydase analog wirkendes Ferment enthalten ist oder nicht, ist diese Erscheinung jedenfalls nicht.

Die in den lactierenden Drüsen von Rind und Schaf vorhandene Peroxydase zeigt eine weitgehende Übereinstimmung in ihren Eigenschaften mit denen der Milchperoxydase. Sie ist nicht dialysierbar, wird nicht durch Ganzsättigung mit Magnesiumsulfat oder Halbsättigung mit Ammoniumsulfat gefällt, sondern erst durch vollständige Sättigung mit diesem Salze. In den Autodigestionsextrakten wurde sie in keinem Falle mehr angetroffen, sie wird also bei der Autodigestion ebenso zerstört wie die Milchperoxydase bei der Verdauung durch Pepsin oder Trypsin.

Wesentlich anders verhielten sich die Extrakte gegen Rothenfußersches Reagens unter Verwendung von Äthylhydroperoxyd. Sämtliche Extrakte ohne Ausnahme, auch die von der Autodigestion herrührenden, gaben eine mehr oder weniger intensive Reaktion, die bei der Mehrzahl der Fälle, und zwar bei sämtlichen Autodigestionen auch nach dem Kochen erhalten blieb. Daraus, daß bei einigen Extrakten nach dem Erhitzen die Reaktion ausblieb, zu schließen, daß wir in diesen Fällen eine Fermentwirkung haben, ist verfehlt. Denn diese Extrakte oder Preßsäfte gaben, abgesehen von denen aus milchenden Drüsen, in rohem Zustande die Reaktion nur sehr schwach, und die dazu gehörenden autodigerierten Extrakte gaben die Reaktion auch nach dem Erhitzen. Diese Erscheinung ist dadurch zu erklären, daß in den Preßsäften und Kochsalzextrakten das Hämoglobin beim Erhitzen von dem sehr reichlich niederfallenden Eiweißniederschlag umhüllt und so seiner Wirkung entzogen wurde, während in den autodigerierten Extrakten infolge des Abbaues des Eiweißes beim Erhitzen nur noch sehr geringe Mengen koagulablen Eiweißes vorhanden waren, die dem Hämoglobin oder dessen wirksamen Abbauprodukten nicht mehr hinderlich sein konnten. Bemerkt sei, daß auch in allen diesen Fällen das Verhalten des oxydierenden Agens gegen Dialyse, Magnesium- und Ammoniumsulfat das gleiche war wie bei der echten Peroxydase, entsprechend den Fällungsverhältnissen des Hämoglobins, und daß die gegen Rothenfußersches Reagens wirksamen Preßsäfte und Extrakte, wenn die Reaktion nicht sehr schwach war, auch auf den Zusatz von Guajactinktur $+$ Terpentinöl reagierten.

Diese Beobachtungen nahmen mir leider die Möglichkeit, festzustellen, ob in den lactierenden Drüsen von Pferd und Schwein ein oxydierendes Prinzip enthalten ist, das fermentativer Natur ist und nicht das Hämoglobin als Ursache hat, und weiterhin, ob ein derartiges Ferment auch in den übrigen milchenden und nichtmilchenden Drüsen enthalten ist. Gleichzeitig konnte auch die Frage nicht geklärt werden, ob das Guajactinktur bläuende Ferment und das Paraphenylendiamin oxydierende Agens identisch sind oder nicht. Der Umstand, daß bei den Wiederkäuermilcharten beide Reaktionen stets nebeneinander und hinsichtlich ihrer Intensität, abgesehen von den Grenzfällen bei der Verdünnung, stets nahezu proportional verlaufen, und daß es bisher nicht gelungen ist, zwei Fraktionen darzustellen, von denen die eine ausschließlich Guajactinktur, die andere ausschließlich Paraphenylendiamin zu oxydieren imstande ist, läßt sich das erstere vermuten. Der Umstand, daß die Milcharten von Mensch, Pferd, Esel, Hund und Schwein zwar Paraphenylendiamin, nicht aber Guajactinktur oxydieren, lassen die zweite Möglichkeit nicht ausgeschlossen erscheinen, wenn man nicht, was schließlich auch möglich ist, konstitutionelle Differenzen in den Fermenten der verschiedenen Milcharten annehmen will.

Die wesentlichsten Ergebnisse der vorliegenden Untersuchungen über die Peroxydasen in der Milch lassen sich folgendermaßen zusammenfassen:

Die Guajactinktur oxydierenden Eigenschaften der Milch von Rind, Schaf und Ziege sind nicht auf die Wirkung anorganischer Katalysatoren zurückzuführen, sie sind vielmehr fermentativer Natur. Das Ferment muß als ein originäres, von der Milchdrüse selbst produziertes aufgefaßt werden, das erst dann gebildet wird, wenn die Milchdrüse zu sezernieren beginnt. In der nichtmilchenden Drüse ist keine Guajactinktur bläuende Substanz enthalten. In den Milchdrüsen von Pferd und Schwein fehlt dieses Ferment, ebenso in der Milch von Schwein und Hund. In diesen Milcharten ist nur ein Paraphenylendiamin oxydierendes Ferment enthalten, das beim Erhitzen der Milch zerstört wird. Ein solches findet sich auch in der Milch der Wiederkäuer. Die Feststellung dieses Ferments in den Milchdrüsen der von mir untersuchten Tiere scheiterte daran, daß auch Hämoglobin, sowohl in rohem wie in erhitztem Zustande, Paraphenylendiamin bei Anwesenheit eines Peroxydes zu oxydieren imstande ist, und daß dieses die gleichen Fällungsverhältnisse besitzt wie die Milchperoxydase.

Zusammenfassung und Schlußbetrachtungen.

Die vorstehend geschilderten Untersuchungen hatten, wie einleitend bemerkt, in erster Linie den Zweck, Näheres über die Herkunft einiger Milchenzyme zu erfahren, andererseits konnte es nicht ausbleiben, daß bei den vergleichenden Studien über die Fermente der milchenden und der nichtmilchenden Drüse auch das Problem der Milchbildung berührt wird. Nach dieser Richtung hin sind die Resultate der vorliegenden Arbeit als die Basis zu betrachten, auf der weitere Versuche aufzubauen sind, die uns die Funktionen der lactierenden Drüse in umfangreicherem Maße, als dies bisher möglich war, kennen lehren sollen.

Bisher wurden folgende Resultate gezeigt:

1. Sowohl in der tätigen wie in der ruhenden Milchdrüse sind proteolytische Fermente vorhanden, die anscheinend nur die Eiweißkörper der Milchdrüse selbst, nicht aber andere Eiweißkörper (Fibrin, Gelatine, Hühnereiweiß) abzubauen vermögen. Als Spaltungsprodukte der in den Kuhmilchdrüsen tätigen Fermente konnten sicher Glykokoll und Leucin, sowie zur Gruppe der Diaminosäuren gehörige Substanzen, deren Identifizierung wegen der allzu geringen Menge nicht möglich war, festgestellt werden. Ob auch Tyrosin gebildet wurde, ist mit Sicherheit nicht festzustellen gewesen.

Die proteolytischen Fermente der tätigen und ruhenden Milchdrüsen aller untersuchten Tierarten unterschieden sich dadurch voneinander, daß unter den Abbauprodukten der Eiweißkörper der lactierenden Drüsen stets Tryptophan auftrat, das in den Autodigestionsextrakten der ruhenden Drüsen niemals nachweisbar war.

Dieser Befund läßt zweifellos wichtige Schlüsse auf die

Funktion der tätigen Milchdrüse zu. Das in der ruhenden Drüse enthaltene proteolytische Ferment wird, wie auch die autolytischen Fermente anderer Organe, wohl lediglich die Aufgabe haben, den Zellstoffwechsel der Drüse zu bewerkstelligen, wozu eine Abspaltung von Tryptophan aus dem mit dem Blutstrome zugeführten Körpereiweiß, ebenso wie dies nach Beobachtungen von Biondi[1]) bei der Leber der Fall ist, nicht nötig ist. Die lactierende Drüse hingegen, die ja einen Eiweißkörper — Casein — produziert, der im ganzen tierischen Organismus außer in der Milchdrüse bzw. der Milch nicht wieder vorkommt, braucht ein Enzym, das auf die Synthese desselben eingestellt ist und das zu diesem Zwecke sich die Bausteine verschaffen muß, die zum Aufbau des Caseins nötig sind. Wir werden vielleicht nicht fehlgehen, wenn wir die Annahme, zu der uns die umfassenden Arbeiten Abderhaldens veranlassen können, daß nämlich der Organismus das dem Körper zugeführte Nahrungseiweiß, um es in Körpereiweiß umzuwandeln, vollständig in seine Bausteine zerlege, sinngemäß auch auf die Umwandlung von Körpereiweiß in Milcheiweiß ausdehnen. Dafür spricht auch der Umstand, daß, während in den Autodigestionsextrakten der nichtmilchenden Drüsen noch reichliche Mengen von die Biuretreaktion gebenden Substanzen, die sich zum Teil durch Ammoniumsulfat fällen ließen, vorhanden waren, in den Autolysaten der lactierenden Drüsen derartige Substanzen (Albumosen und Peptone) nur noch in ganz geringem Maße oder gar nicht mehr auftraten.

2. Die Preßsäfte, Kochsalzextrakte und Autolysate der milchenden und nichtmilchenden Drüsen sind befähigt, aus Seidenpepton Tyrosin abzuspalten. Es muß vorläufig unentschieden bleiben, ob diese Spaltung auf die proteolytischen Fermente der Drüsen, also diejenigen Fermente, die natives Eiweiß abzubauen vermögen, zurückzuführen ist, oder ob ein besonderes Ferment, das nur Peptone und Polypeptide spaltet, nach der Art des Erepsins den Abbau bewirkt. Wenn wir uns vergegenwärtigen, daß das Vorkommen proteolytischer Fermente originären Ursprungs in den verschiedenen Milcharten durchaus nicht als bewiesen angesehen werden kann, und daß

---

[1]) Biondi, Virchows Archiv 144, 343, 1896.

andrerseits die peptolytischen Fermente, die Wohlgemuth und Strich und Warfield in verschiedenen Milcharten fanden und die aus Polypeptiden Tryptophan abzuspalten vermögen, aller Wahrscheinlichkeit nach als originäre Fermente anzusprechen sind — dieser Schluß erscheint infolge des Auftretens von Tryptophan in den Autolysaten der lactierenden Drüsen gerechtfertigt —, so kann wohl angenommen werden, daß auch das peptolytische Ferment der Milchdrüse nicht identisch ist mit dem proteolytischen Ferment. Da die obenerwähnten Autoren die Spaltung von Glycyltryptophan durch Milch beobachteten, so läßt sich die Möglichkeit nicht von der Hand weisen, daß die Abspaltung von Tyrosin aus Seidenpepton durch die Extrakte der ruhenden und tätigen Drüsen dem autolytischen Fermente zuzuschreiben ist, während ein besonderes peptolytisches Ferment der tätigen Milchdrüsen die Abspaltung von Tryptophan aus Polypeptiden bewirkt.

Seine größte Wirksamkeit entfaltet das seidenpeptonspaltende Ferment in den nicht weiter behandelten Preßsäften und Extrakten. Durch Autolyse der Drüsen, sowie durch Dialyse der fermenthaltigen Lösungen wird seine Wirksamkeit erheblich geschwächt.

3. Die tätige und die ruhende Milchdrüse der von mir untersuchten Tierarten enthalten ein monobutyrinspaltendes Ferment, dessen Wirksamkeit durch die Dialyse erheblich herabgesetzt wird. Das Vorkommen eines solchen Fermentes in der Milch ist somit auf sein Vorhandensein in der Milchdrüse zurückzuführen.

4. Die Milchdrüsen von Pferd und Schwein besitzen sowohl in lactierendem wie in ruhendem Zustande in hohem Maße die Fähigkeit, Stärke abzubauen. Beim Rinde erwiesen sich die ruhenden Drüsen in höherem Maße befähigt, Stärkekleister abzubauen als die tätigen. Die ruhenden Drüsen des Schafes besaßen keine bemerkenswerte amylolytische Wirksamkeit. Da die erhaltenen Resultate nicht eindeutig verlaufen, lassen sie vorläufig auch keine Schlüsse über die Entstehung des Milchzuckers zu. Sie gestatten lediglich den Schluß, daß die in den verschiedenen Milcharten enthaltene Amylase als ein originäres Ferment angesprochen werden muß.

5. Sämtliche von mir untersuchten Preßsäfte und Koch-

salzextrakte besaßen in hohem Maße die Fähigkeit, Salol zu spalten. Dieses salolspaltende Vermögen der Milchdrüsen muß als eine rein fermentative Wirkung aufgefaßt werden, es kann nicht, wie verschiedene Autoren, die es hinsichtlich der gleichen Eigenschaft der alkalisch reagierenden Milcharten versuchten, durch eine infolge der natürlichen Alkalescenz der Medien bedingte Verseifung, die ohne Mitwirkung von organischen Katalysatoren verläuft, erklärt werden. Gegen diese Auffassung spricht zunächst der Umstand, daß es mir gelang, durch Dialyse die gegen Lackmus alkalische Reaktion der Extrakte zum Verschwinden zu bringen, ohne daß hierbei die Fähigkeit derselben, Salol zu spalten, verloren gegangen wäre. Durch Erhitzen der erhaltenen neutralen Lösungen wurde weiterhin die Salolase zerstört, ebenso wie in den Extrakten und Preßsäften selbst, ohne daß in diesen die Alkalinität in wesentlichem Maße verändert worden wäre. Schließlich ist das salolspaltende Agens durch Ammoniumsulfat fällbar und läßt sich durch Behandlung des Niederschlages mit Wasser wieder in Lösung bringen.

6. Die Guajacperoxydase konnte nur in den lactierenden Drüsen der Wiederkäuer gefunden werden, in allen anderen Drüsen fehlte sie. Der Umstand, daß auch Blut eine große Zahl von Peroxydasereaktionen gibt, z. B. mit Paraphenylendiamin bzw. Rothenfußerschem Reagens, Jodstärke usw., und daß die Gewinnung von blutfreien Drüsenextrakten so gut wie unmöglich ist, gestattete nicht die Beantwortung der Frage, ob in allen untersuchten Drüsen auch ein diese Agenzien oxydierendes Enzym enthalten ist, oder ob es beispielsweise in den nichtmilchenden Drüsen fehlt. Daß ein solches Ferment in den lactierenden Drüsen enthalten ist, läßt sich indirekt auf Grund der Tatsache wohl behaupten, daß die Milch von Frau, Pferd, Esel, Schwein und Hund ein Paraphenylendiamin oxydierendes Ferment enthält. Es ist anzunehmen, daß die Guajacperoxydase und die Paraphenylendiaminperoxydase der Wiederkäuermilcharten nicht miteinander identisch sind, da man sonst erwarten müßte, daß auch in den übrigen Milcharten, die zum Teil Paraphenylendiamin sehr energisch oxydieren, z. B. der Schweinemilch, eine Parallelität beider Oxydationserscheinungen beobachtet werden müßte, die aber tatsächlich nicht besteht.

Die Annahme, daß das oxydierende Prinzip der verschiedenen Milcharten kein Ferment sei, hat auf Grund unserer bisherigen Kenntnisse und der vorliegenden Untersuchungen über die Eigenschaften desselben keine Stütze erhalten können, insbesondere ist die zeitweise geäußerte Anschauung, daß die alkalisch reagierenden Stoffe der Milch die Oxydationswirkung bedingten, als völlig unzutreffend zu verwerfen.

Welche Bedeutung ist nun dem Vorkommen von Fermenten in den verschiedenen Milcharten beizumessen? Verschiedentlich hat man versucht, die vielfach beobachtete ungünstige Wirkung erhitzter Milch auf das Wohlbefinden und die Entwicklung menschlicher und tierischer Säuglinge auf das Fehlen der in der rohen Milch enthaltenen Fermente zurückzuführen. Hinsichtlich eines eventuell in der Milch enthaltenen proteolytischen Fermentes sind Zweifel darüber wohl nicht unangebracht, denn die proteolytische Wirksamkeit der Milch ist, wenn überhaupt vorhanden, eine so geringe, daß sie zur Unterstützung der Verdauungsvorgänge im Magendarmkanal der Säuglinge kaum in Betracht kommen kann. Welche Bedeutung der in der Milch enthaltenen Amylase für die Verdauung zukommen soll, ist überhaupt nicht einzusehen, da die Milch ja eine stärkefreie Nahrung vorstellt, auch den oxydierenden Fermenten muß jede Bedeutung für die Mitwirkung bei der Verdauung abgesprochen werden, um so mehr, als sie ja, wenigstens was die Guajacperoxydase anlangt, durch so geringe Säurekonzentrationen, wie sie im Magensafte enthalten sind, bereits abgetötet werden.

Für die Milch selbst werden die in ihr enthaltenen Fermente also kaum eine tiefergehende Bedeutung besitzen, wir können sie wohl als Produkte der Milchdrüse betrachten, die sie benötigte, um die Milch zu bilden, schwerlich aber als Produkte, die dem zu ernährenden Säugling zugute kommen sollen. Die Bedeutung der proteolytischen Fermente, besonders der lactierenden Drüsen, liegt klar auf der Hand, sie dienen ganz offenbar dazu, das Körpereiweiß in die typischen Milcheiweißkörper überzuführen. Auch über den Zweck des uns als Guajacperoxydase bekannten Fermentes der Wiederkäuermilcharten scheinen Vermutungen nicht unangebracht. Es ist eine ganz auffällige Tatsache, daß gerade die Milcharten der Wiederkäuer, die ja die Guajacperoxydase enthalten, ein Fett besitzen, das außerordentlich reich an niedermolekularen Fettsäuren ist, während das guajacperoxydasefreie Colostrum derselben Tierarten ein Fett mit einer sehr viel geringeren Menge an niedermolekularen Fettsäuren besitzt, ebenso wie die Milcharten der anderen Tiere und des Menschen. Es ist dies zunächst nur eine Hypothese, die durch keinerlei experimentelles Material über eine Wirkung der oxydierenden Fermente nach dieser Richtung hin gestützt ist, eine Hypothese aber, die durch die erwähnten Tatsachen nicht ganz unbegründet erscheint und als Arbeitshypothese zweifellos Berechtigung hat. Untersuchungen über diesen Gegenstand sind beabsichtigt.

Ob andere Fermente, die sich sowohl in der milchenden Drüse wie auch in der nichtmilchenden vorfinden, und die wir auch in anderen Milcharten antreffen — Amylase, Salolase —, für die Milchbildung von Bedeutung sind, oder ob wir sie lediglich als Exkretionsprodukte beim Zerfall der Zellen zu betrachten haben, läßt sich schwierig sagen. Der Amylase läßt sich vielleicht noch eine Bedeutung für die Milchzuckerbildung zuschreiben, welche, muß vorläufig noch dahingestellt bleiben.

MIX
Papier aus verantwortungsvollen Quellen
Paper from responsible sources
FSC® C105338

If you have any concerns about our products,
you can contact us on
ProductSafety@springernature.com

In case Publisher is established outside the EU,
the EU authorized representative is:
**Springer Nature Customer Service Center GmbH
Europaplatz 3, 69115 Heidelberg, Germany**

Printed by Libri Plureos GmbH
in Hamburg, Germany